高等教育面向"四新"服务的信息技术课程系列教材

Python程序设计与应用实验教程

张春花　刘子豪　汪承焱◎主　编
贾小军　骆红波　张素兰◎副主编

中国铁道出版社有限公司
CHINA RAILWAY PUBLISHING HOUSE CO., LTD.

内 容 简 介

本书是《Python 程序设计与应用》（贾小军、骆红波、张素兰主编）的配套实验教材，包含三部分内容。其中，实验分析与指导：提供了 21 个典型实验，每个实验包含实验目的、实验内容、实验步骤和提高实验；习题集及参考答案：旨在加强 Python 知识点的训练，便于读者掌握各类基本知识；主教材各章节参考答案：便于读者自学、检测学习效果，以提高读者自身的程序设计能力。本书以培养读者程序设计思维为主，以知识点训练为辅，条理清晰，浅显易懂。

本书知识面广、内容丰富，蕴含课程思政元素，有助于培养学生高尚的思想情操。课程思政元素包含党的二十大精神、中华优秀传统文化、科学精神以及工匠精神等。本书适合作为高等院校各专业学习"Python 程序设计"课程的实验指导书，也可作为参加全国计算机等级考试（二级 Python 语言）的读者或计算机程序设计爱好者的学习辅导书。本书提供 MOOC 教学资源并有配套的无纸化上机考试系统，其中考试系统可实现全自动组卷、评分、生成答卷明细及备份功能，可供高校教师组织考试。

图书在版编目（CIP）数据

Python 程序设计与应用实验教程 / 张春花，刘子豪，汪承焱主编. -- 北京 : 中国铁道出版社有限公司, 2025. 2. --（高等教育面向"四新"服务的信息技术课程系列教材）. -- ISBN 978-7-113-31790-4

Ⅰ. TP312.8

中国国家版本馆 CIP 数据核字第 20256LA320 号

书　　名：Python 程序设计与应用实验教程
作　　者：张春花　刘子豪　汪承焱

策　　划：刘丽丽　　　　　　　　　　　编辑部电话：(010) 51873090
责任编辑：刘丽丽
封面设计：刘　颖
责任校对：苗　丹
责任印制：赵星辰

出版发行：中国铁道出版社有限公司（100054，北京市西城区右安门西街 8 号）
网　　址：https://www.tdpress.com/51eds
印　　刷：北京联兴盛业印刷股份有限公司
版　　次：2025 年 2 月第 1 版　　2025 年 2 月第 1 次印刷
开　　本：850 mm×1 168 mm　1/16　印张：12　字数：314 千
书　　号：ISBN 978-7-113-31790-4
定　　价：36.00 元

版权所有　侵权必究

凡购买铁道版图书，如有印制质量问题，请与本社教材图书营销部联系调换。电话：(010) 63550836
打击盗版举报电话：(010) 63549461

前 言

　　Python 具有简洁而高效的语法表达、清晰的程序结构、庞大的库和工具包、与 C 和 C++ 兼容等特点,已成为国内外广泛使用的程序设计语言之一。目前,它是国内高等院校计算机程序设计类课程的热门语言之一,是深化"人工智能+"、赋能"新质生产力"的重要工具。

　　本书是《Python 程序设计与应用》(贾小军、骆红波、张素兰主编)的配套实验教材,落实"立德树人"的根本任务,遵循学习认知规律,突出程序设计思维,注重实验案例的精选和算法分析,循序渐进推进实验教学进程。全书共设置三大部分,主要内容如下:

　　第一部分是实验分析与指导,共包括 21 个实验,每个实验都由实验目的、实验内容、实验步骤和提高实验四个部分组成。21 个实验依次为 Python 运行环境、数据表示、内置函数、顺序结构与分支结构、循环结构、循环结构嵌套、程序控制结构综合应用、字符串、列表与元组、字典与集合、函数定义与调用、函数嵌套和递归、文件操作、目录操作、面向对象程序设计、科学计算与可视化、第三方库综合应用、数据库的创建及基本操作、数据库的高级操作、常用组件的图形界面设计、拓展图形界面设计及应用。为了满足不同层次读者的需要,本书安排了两个层次的实践内容。第一层次是供读者学习、模仿和验证的实验内容,每个实验内容由多个典型实例组成,并为每一个实例提供详细的题意解析、算法分析和程序代码。第二个层次是提高部分,主要是为已完成基本实验内容的读者提供解决较难实际问题的独立分析、设计和编写程序的机会。

　　第二部分是习题集及参考答案。读者通过练习这些与理论知识配套的习题,可以更加深刻地掌握和理解 Python 的基本知识点。

　　第三部分提供了主教材习题的参考答案,以便于读者自学,检测学习效果,提高读者自身的程序设计能力。

　　本书注重程序设计算法的精细剖析,既注重培养读者设计程序的能力,又提倡培养良好的程序设计风格。全书每个实例的源程序代码均在 Python 的 IDLE Shell 3.11.0 环境下调试通过,可直接使用。另外,本书提供了所有案例的数据及运行结果,以方便读者参考及研究。

　　本书的实验内容及习题蕴含课程思政元素,包括党的二十大精神、中华优秀传统文化、科学精神以及工匠精神等,有助于学习者掌握核心知识的同时,培养学习者的新时代社会主义核心价值观、精益求精的大国工匠精神以及创新能力,同时激发爱国情怀和使命担当意识,使得课程教育与思政教育同向同行,形成协同效应。

　　本书由多位长期从事计算机程序设计教学的教师在总结多年程序设计语言课程教学与实践

经验的基础上编写而成。本书由张春花、刘子豪、汪承焱任主编，主要负责本书的编写及统稿工作，贾小军、骆红波、张素兰任副主编。具体编写分工为：实验1、2、3和实验13、14由骆红波编写，实验4、5、6、7和实验20、21由贾小军编写，实验8、9、10和实验18、19由张春花编写，实验11、12和实验15由张素兰编写，实验16、17由刘子豪编写。汪承焱验证了本教材的所有源程序。

本书在编写过程中得到了嘉兴大学教务处的大力支持，主要内容是教育部高等教育司2022年第一批产学合作协同育人项目（教高司函〔2022〕8号）（项目编号：220605876203339）、全国高等院校计算机基础教育研究会计算机基础教育教学研究项目（项目编号：2024AFCEC065）以及教育部高等学校大学计算机课程教学指导委员会2024年度面向人工智能赋能教育及数字技能人才培养的大学计算机课程改革项目（项目编号：AEJR-202404）的研究成果。同时本书在编写过程中也参考了大量书籍，得到了许多同行的帮助与支持，在此向他们表示衷心的感谢。

本书配套有基于C/S架构的无纸化上机考试系统，可实现全自动组卷、评分、生成答卷明细及备份，可供高校教师组织考试。本课程的教学考一体化解决方案（教材、实验教程、MOOC平台、考试系统），让本书适合作为应用型高等院校各专业学习Python知识的教材。考试系统在与本书配套的实验教程中有详细介绍。咨询考试系统请发邮件至：xjjiad@sina.com。

本书适合作为高等院校各专业"Python程序设计"课程的实验指导书，也可作为参加全国计算机等级考试（二级Python语言）的读者或计算机程序设计爱好者的学习辅导书。

由于编写时间仓促，加上作者学识有限，书中难免存在不足或者遗漏之处，恳请广大读者提出批评及建议。

编　者
2024年11月

目 录

第 1 部分 实验分析与指导 1

实验 1　Python 运行环境 1

实验 2　数据表示 7

实验 3　内置函数 12

实验 4　顺序结构与分支结构 16

实验 5　循环结构 22

实验 6　循环结构嵌套 26

实验 7　程序控制结构综合应用 31

实验 8　字符串 36

实验 9　列表与元组 41

实验 10　字典与集合 45

实验 11　函数定义与调用 51

实验 12　函数嵌套与递归 55

实验 13　文件操作 59

实验 14　目录操作 63

实验 15　面向对象程序设计 67

实验 16　科学计算与可视化 72

实验 17　第三方库综合应用 76

实验 18　数据库的创建及基本操作 94

实验 19　数据库的高级操作 98

实验 20　常用组件的图形界面设计 102

实验 21　拓展图形界面设计及应用 109

第 2 部分 习题集及参考答案 117

习题 1　Python 语言概述 117

习题 2　数据表示与输入输出 118

习题 3　程序控制结构 122

习题 4　序列与计算 129

习题 5　函数 136

习题 6　文件 139

习题 7　面向对象程序设计 140

习题 8　Python 第三方库与应用 141

习题 9　Python 数据库设计与应用 142

习题 10　Python 图形界面设计与应用 143

习题集参考答案 147

第 3 部分　主教材各章习题参考答案 149

第 1 章　Python 语言概述 149

第 2 章　数据表示与输入输出 150

第 3 章　程序控制结构 151

第 4 章　序列与计算 155

第 5 章　函数 157

第 6 章　文件 157

第 7 章　面向对象程序设计 159

第 8 章　Python 第三方库与应用 160

第 9 章　Python 数据库设计与应用 161

第 10 章　Python 图形界面设计与应用 163

附录 A　"Python 程序设计"无纸化考试系统 172

一、考生客户端 172

二、试题管理端 180

三、考试服务端 183

参考文献 186

第 1 部分
实验分析与指导

实验 1　Python 运行环境

1.1　实验目的
1. 熟悉 Python IDLE 的使用方法。
2. 掌握 Python 程序的建立、保存、打开和运行方法。
3. 熟悉 Jupyter Notebook 和 Spyder 的使用方法。

1.2　实验内容
1. Python IDLE 的启动。
2. 熟悉 IDEL 的交互式开发环境。
3. Python 程序的输入和保存。
4. Python 程序的打开和运行。
5. 熟悉 Jupyter Notebook 的使用。
6. 熟悉 Spyder 的使用。

1.3　实验步骤

1. Python IDLE 的启动
单击任务栏上的"开始"按钮，在图 1-1-1 所示的"开始"菜单中单击"IDLE"，可以进入图 1-1-2 所示的 IDLE 的交互式开发环境。

2. 熟悉 IDLE 的交互式开发环境
在 IDLE 交互窗口中，在提示符">>>"后面输入普通语句，按【Enter】键便可得到该语句的执行结果。

在提示符">>>"后输入：print("Hello")，可以看到运行结果"Hello"。

继续输入以下语句：

```
a = 3
b = 4
c = a + b
print(c)
```

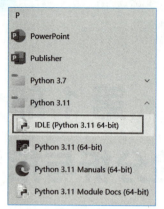

图 1-1-1　从"开始"菜单启动 IDLE

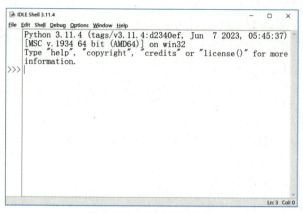

图 1-1-2　IDLE 交互窗口

上述语句表示把 3 赋值给变量 a，把 4 赋值给变量 b，然后计算 a+b 的值并赋值给 c，最后输出变量 c 的值。运行结果如图 1-1-3 所示。

如果在提示符">>>"后面输入的是含有分支、循环等复合语句。输入完成后，需要按两次【Enter】键才能运行。例如，在提示符">>>"后输入内容：

```
for i in range(3):
    print(i)
```

这是一个循环语句，表示重复执行 3 次，分别输出变量 i 的值。输完 print(i) 后按【Enter】键换行，然后再按一次【Enter】键，便可以得到运行结果，如图 1-1-4 所示。

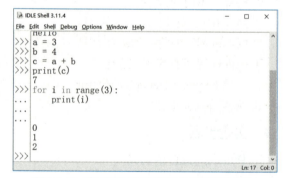

图 1-1-3　在 IDLE 交互窗口中执行普通语句　　　图 1-1-4　在 IDLE 交互窗口中执行复合语句

3. Python 程序的输入和保存

在 IDLE 中，选择菜单"File"中的"New File"命令可以创建一个新的程序文件，然后编辑相应的程序代码。输入图 1-1-5 所示的代码。

> 🔔 **小贴士：**
>
> 输入代码时，需注意以下几点：
>
> ①一对三引号（即 """ ）之间的内容为多行注释，# 后面的内容为单行注释。注释主要用于提高程序可读性，程序执行时不会被执行，不会影响程序执行结果。

②缩进对于Python程序非常重要，它体现代码之间的逻辑关系。缩进结束表示一个代码块结束，同一个级别的代码块的缩进量必须相同。

③Python区别大小写。

④输入标点的时候注意使用英文半角的标点。

程序输入完成后，选择菜单"File"中的"Save"命令，在图1-1-6所示的"另存为"对话框中选择存放路径和文件名及保存类型，就可以保存Python源文件。

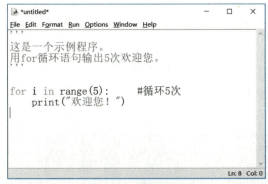

图1-1-5　编辑代码

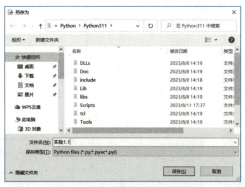

图1-1-6　"另存为"对话框

4. Python程序的打开和运行

程序输入完成后，选择菜单"Run"中的"Run Module"命令可以执行程序，结果将显示在IDLE的交互窗口中，如图1-1-7所示。

如果想要打开一个已经存在的源程序文件，可以在IDLE中选择菜单"File"中的"Open"命令，会出现如图1-1-8所示的"打开"对话框，在此可以选择想要打开的文件。

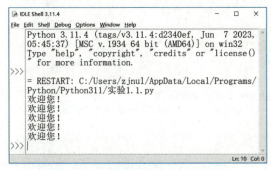

图1-1-7　运行结果显示在交互窗口

图1-1-8　"打开"对话框

5. 熟悉Jupyter Notebook的使用

Jupyter Notebook提供了一个交互式的编程环境。单击任务栏上的"开始"按钮，在图1-1-9所示的"开始"菜单中选择Jupyter Notebook，启动Jupyter Notebook，会看到一个图1-1-10所示的文件浏览器界面。

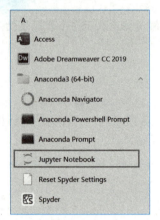
图 1-1-9　启动 Jupyter Notebook

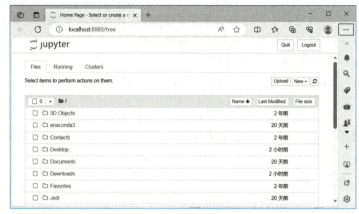
图 1-1-10　文件浏览器界面

单击右上角的"New"菜单，然后选择"Python 3(ipykernel)"打开一个新的窗口，如图 1-1-11 所示，在此可以编写和执行 Python 代码。

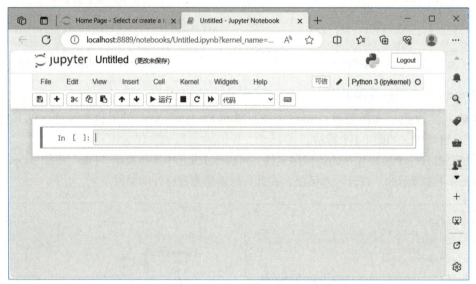
图 1-1-11　Jupyter Notebook 交互式编程环境

在第一个代码单元格中输入以下代码：

```
print(20 * "*")
print("Hello!")
print(20 * "*")
```

单击工具栏上的"运行"按钮，可以看到第 1 行输出了 20 个星号，第 2 行输出了"Hello！"，第 3 行输出了 20 个星号，如图 1-1-12 所示。

在第二个代码单元格中继续输入代码：

```
for i in range(3):
    print(i)
```

第 1 部分　实验分析与指导

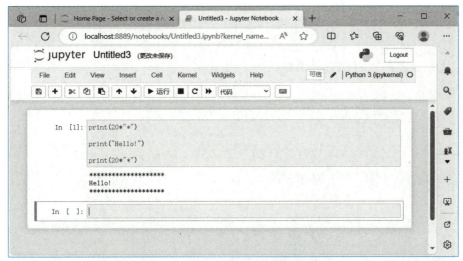

图 1-1-12　第一个代码单元格运行结果

单击工具栏上的"运行"按钮，运行结果如图 1-1-13 所示。

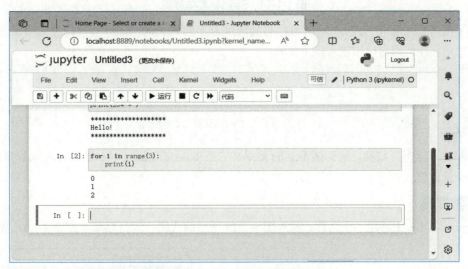

图 1-1-13　第二个代码单元格运行结果

单击工具栏上的"Save"按钮或使用快捷键【Ctrl+S】可以保存笔记本。使用菜单"File"中的"Download as"命令可以将笔记本导出为其他格式（如 HTML、PDF 等），或者下载源文件到本地。

6. 熟悉 Spyder 的使用

单击任务栏上的"开始"按钮，在图 1-1-9 所示的"开始"菜单中选择 Spyder，启动 Spyder。Spyder 的整体界面如图 1-1-14 所示。可以看到整个界面分为三部分：左边是程序代码窗口，用于编辑程序代码；右上为跟踪调试窗口，用于查看变量值的变化等；右下为交互窗口，用于输入语句交互执行或者显示程序执行的结果。

5

Python 程序设计与应用实验教程

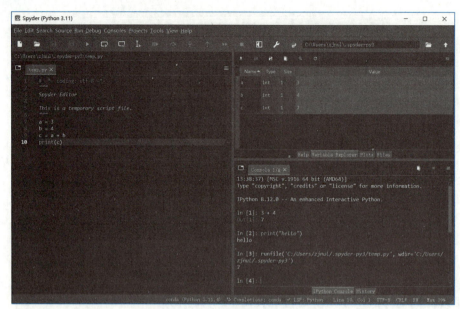

图 1-1-14　Spyder 整体界面

在右下侧的交互窗口中，输入 3+4，可以看到结果为 7；输入 print("hello")，可以看到输出了 "hello"。在左边的程序代码窗口中输入以下代码：

```
a = 3
b = 4
c = a + 4
print(c)
```

然后单击"运行"按钮，可以看到运行结果在右下侧的交互窗口中。且在右上侧的窗口中可以看到各个变量的值。

1.4　实验提高

在 Python IDLE 中新建一个文件，输入图 1-1-15 所示的代码，运行后结果如图 1-1-16 所示。

图 1-1-15　实验提高的代码

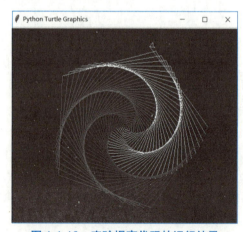

图 1-1-16　实验提高代码的运行结果

实验 2　数据表示

2.1　实验目的
1. 掌握变量的命名和赋值方法。
2. 掌握常用的数据类型及其运算方法。
3. 掌握运算符的优先级关系。

2.2　实验内容
1. 变量的命名和赋值。
2. 整型、浮点型、字符串和布尔型变量的赋值。
3. 算术运算。
4. 比较运算。
5. 逻辑运算。
6. 运算符的优先级。

2.3　实验步骤

1. 实验内容第 1 题

（1）变量必须创建和赋值后才能使用，直接使用变量会出现错误，提示变量没有定义。例如：

```
>>> a
Traceback (most recent call last):
  File "<pyshell#0>", line 1, in <module>
    a
NameError: name 'a' is not defined
```

（2）进行变量赋值时，可以使用等号（=）将一个值赋给一个变量。例如：

```
>>> a = 1                          # 将整数1赋给a
>>> a
1
>>> b = 3 + 4                      # 先计算出等号右边表达式的值，再将它赋给b
>>> b
7
```

（3）变量的命名要符合标识符的命名规则。例如：

```
>>> 1name = "abc"                  # 数字开头，非法变量名
SyntaxError: invalid decimal literal
>>> if = 2                         # 关键字不能作为变量
SyntaxError: invalid syntax
>>> name1 = "sun"                  # 正常变量赋值，将字符串赋给name
>>> name1
'sun'
```

（4）Python 可以在一条语句中同时给多个变量赋值。例如：

```
>>> x, y, z = 3, 4, 5          # 同时定义了三个变量x,y,z，其值分别为3,4,5
>>> x
3
>>> y
4
>>> z
5
>>> x, y = y, x                # 交换x, y的值
>>> x
4
>>> y
3
```

2. 实验内容第 2 题

（1）整数类型的变量。例如：

```
>>> i = 3                      # 将十进制整数3赋值给i
>>> type(i)                    # i的类型为整形
<class 'int'>
```

（2）浮点数类型的变量。例如：

```
>>> a = 3.0                    # 注意3.0和3不一样
>>> type(a)
<class 'float'>
```

（3）字符串类型的变量。例如：

```
>>> str1 = '自信自强'           # 使用单引号创建字符串
>>> type(str1)
<class 'str'>
>>> str2 = "守正创新"           # 使用双引号创建字符串
>>> type(str2)
<class 'str'>
```

（4）布尔类型的变量。例如：

```
>>> x = True
>>> x
True
>>> type(x)
<class 'bool'>
```

3. 实验内容第 3 题

（1）算术运算符有 +、-、*、/、//、%、**。例如：

```
>>> 5 + 3
```

```
8
>>> 5 - 3
2
>>> 5 * 3
15
>>> 5 / 3                          # 浮点除
1.6666666666666667
>>> 5 // 3                         # 整除，向下取整
1
>>> 5 % 3                          # 求余数
2
>>> 5 ** 3                         # 幂运算
125
```

在 Python 中，整数类型是无限精度的，可以表示任意大小的整数。例如：

```
>>> 2 ** 1024                      # **是幂运算，2**1024表示2的1024次方
179769313486231590772930519078902473361797697894230657273430081157732675805500963132708477322407536
02112011387987139335765878976881441662249284743063947412437776789342486548527630221960124609411945308295208
50057688381506823424628814739131110540827237163350510684586298239947245938479716304835356329624224137216
```

（2）"+"运算符用于字符串的连接。例如：

```
>>> "科技" + "强国"
'科技强国'
>>> "12" + "34"                    # 字符串的连接
'1234'
>>> 12 + 34                        # 整数的相加
46
```

（3）"*"运算符用于字符串的重复。例如：

```
>>> "ab" * 3                       # 字符串"ab"重复3次
'ababab'
>>> print("*" * 30)                # 输出30个"*"
******************************
```

4. 实验内容第 4 题

比较运算符用于比较两个对象的值的大小，结果为 True 或者 False。

（1）数值的比较。例如：

```
>>> a = 5
>>> b = 3
>>> a > b
True
>>> a >= b
True
```

```
>>> a < b
False
>>> a <= b
False
>>> a == b                          # 判断两数是否相等，注意"=="与"="的区别
False
>>> a != b                          # 判断不相等
True
```

（2）字符串的比较。字符串进行比较时，从第一个字符开始自左向右，逐个字符按ASCII码比较。如果第一个相同，则比较第二个，以此类推，如果所有字符都相同则字符串相等。例如：

```
>>> "ab" == "abc"
False
>>> "ab" < "abc"
True
>>> "abcd" > "abcabc"               # 第4个字符d的ASCII码大于字符a的ASCII码
True
>>> "abc" <= "ABC"                  # a的ASCII码为97，A的ASCII码为65
False
```

（3）Python支持连续不等式。例如：

```
>>> x = 65
>>> 0 <= x <= 100                   # 判断x是否在0到100之间
True
>>> ch = "d"
>>> "A" <= ch <= "Z"                # 判断ch是否在"A"到"Z"之间
False
```

5. 实验内容第5题

逻辑运算符用于对布尔值进行逻辑运算，通常用于条件判断、控制流程和布尔逻辑表达式中。例如：

```
>>> True and True                   # 逻辑与，两个操作数都是True，结果才是True
True
>>> True and False
False
>>> False and True
False
>>> False and False
False
>>> True or False                   # 逻辑或，两个操作数中有一个是True，结果就是True
True
>>> False or True
True
```

```
>>> True or True
True
>>> False or False
False
>>> not True                          # 逻辑非，取反
False
>>> x = 6
>>> 1 < x and x < 10
True
>>> 1 > x or x < 10
True
>>> not(x < 8)
False
```

6. 实验内容第 6 题

运算符的优先级并不需要刻意地记忆，如果对某个运算符的优先级不太确定，可以使用小括号将其括起来。当然，记住一些重要的优先级，有助于对程序的阅读理解与编写维护。

> **小贴士：**
> 下面是一些重要的优先级：
> （1）运算符优先级按类别排序：算术运算符 > 比较运算符 > 逻辑运算符。
> （2）算术运算符中：幂最高，乘、除、整除、取余次之，加减最低。
> （3）比较运算符同类中优先级相同。
> （4）逻辑运算符中：逻辑非最高，逻辑与次之，逻辑或最低。

示例如下：

```
>>> 2 * 2 ** 3                        # **的优先级高于*
16
>>> (2 * 2) ** 3                      # 使用小括号改变运算次序
64
>>> 2 + 10 // -3                      # 10 // -3 向下取整，结果为-4
-2
>>> score = 530
>>> math = 90
>>> score >= 500 and math >= 90
True
>>> 4 > 5 or 2 < 3 and not 6 < 8
False
```

判断闰年：年份值能被 400 整除或者能被 4 整除且不能被 100 整除。代码如下：

```
>>> y = 2000
>>> y % 400 == 0 or y % 4 == 0 and y % 100 != 0
```

```
True
>>> y = 2004
>>> y % 400 == 0 or y % 4 == 0 and y % 100 != 0
True
>>> y = 2003
>>> y % 400 == 0 or y % 4 == 0 and y % 100 != 0
False
>>> y = 3000
>>> y % 400 == 0 or y % 4 == 0 and y % 100 != 0
False
```

判断是否是字母。代码如下：

```
>>> ch = "D"
>>> "A" <= ch <="Z" or "a" <= ch <= "z"
True
>>> ch = "9"
>>> "A" <= ch <="Z" or "a" <= ch <= "z"
False
```

2.4 实验提高

先计算出以下表达式的值，再上机编程验证。

（1）1-0.9 == 0.1

（2）-8// 5

（3）-8 % 5

（4）8 % -5

（5）3 and 4

（6）4 < 2 or 5

（7）3 * 4 > 4 * 5 or 18 > 12 and 7 % 3 == 10 % 3

（8）2 ** 3 ** 2

实验 3 内置函数

3.1 实验目的

1. 掌握 Python 常用内置函数的使用方法。
2. 掌握 Python 标准库的导入方法。
3. 掌握 input() 函数的用法。
4. 掌握 print() 函数的用法。

3.2 实验内容

1. 输入一个字母，输出它的 Unicode 编码。
2. 输入一个整数 n，输出 n 个 "*"。

3. 输入一个小写字母，输出对应的大写字母。

4. 按照提示从键盘输入姓名、年龄和身高，输出相关信息。例如，按照提示输入张三、18 和 1.77，运行后输出：您好，张三！您今年 18 岁，身高 1.77 米。

5. 输入两个整数（以逗号分隔），输出它们的平方和与立方和（以逗号分隔）。

6. 输入一个三位数，分别输出它的个位数、十位数、百位数，中间用"#"分隔。

7. 产生三个 100 以内的随机正整数，先输出这三个数，再输出最大值、最小值和平均值。

3.3 实验步骤

1. 实验内容第 1 题

分析：ord() 函数可以返回单个字符的 Unicode 编码。用 input() 函数获取用户键盘输入的数据，print() 函数可以使用多种格式化输出方式输出内容。

> **小贴士**：Unicode 编码（统一码、万国码、单一码）是通用字符编码标准，由 ISO 与 Unicode 联盟共同开发与维护，旨在容纳全球所有字符的编码方案。

在 IDLE 交互窗口中，在提示符 ">>>" 后面输入语句：

```
ch = input("请输入一个字母：")
```

按【Enter】键后便等待用户从键盘输入数据，假设用户输入：A，便把字符串 A 赋给了变量 ch。继续在提示符 ">>>" 后面输入语句：

```
code = ord(ch)
```

按【Enter】键后，ord(ch) 函数返回 ch 的 Unicode 编码，再赋值给变量 code，此时 code 的值为 "A" 的 Unicode 编码 65，继续在提示符 ">>>" 后面输入语句：

```
print(f"{ch}的Unicode编码为{code}。")
```

按【Enter】键后，输出结果：

```
A的Unicode编码为65。
```

> **小贴士**：在交互式环境中编写代码并执行，可以即时看到结果，方便实验和调试，但需要反复执行时不是很方便。以文件方式编写代码可以使代码结构更加清晰，保存更加方便。因此，后面的实验将以文件方式编写。

在 IDLE 中，单击菜单 "File" 中的 "New File" 命令，创建一个新的程序文件，然后编辑相应的程序代码，参考程序代码如下：

```
ch = input("请输入一个字母：")
code = ord(ch)
print(f"{ch}的Unicode编码为{code}。")
```

程序输入完成后，单击菜单 "Run" 中的 "Run Module" 命令或者按【F5】键可以执行程序。如果输入 A，可以看到 A 的 Unicode 编码为 65；如果输入 a，可以看到 a 的 Unicode 编码为 97。两次运行的结果如图 1-3-1 所示。

2. 实验内容第 2 题

分析：input() 函数获取用户键盘输入的数据，注意返回的是一个字符串，因此要获得整数 n，需要用 int() 函数把输入的内容转化成整数。n 个 "*" 即星号重复 n 次，可以用字符串重复（n * '*'）来表示。

根据分析，参考程序代码如下：

```
n = int(input("请输入一个整数："))
print(n * '*')
```

运行程序，如果输入 5，可以看到输出 5 个星号；如果输入 20，可以看到输出 20 个星号。两次运行的结果如图 1-3-2 所示。

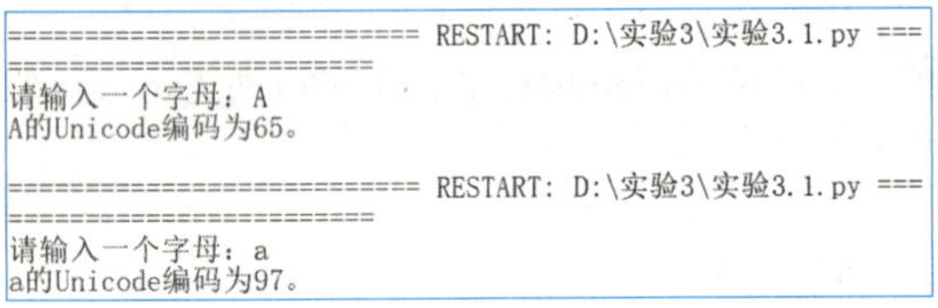

图 1-3-1　实验内容第 1 题运行结果

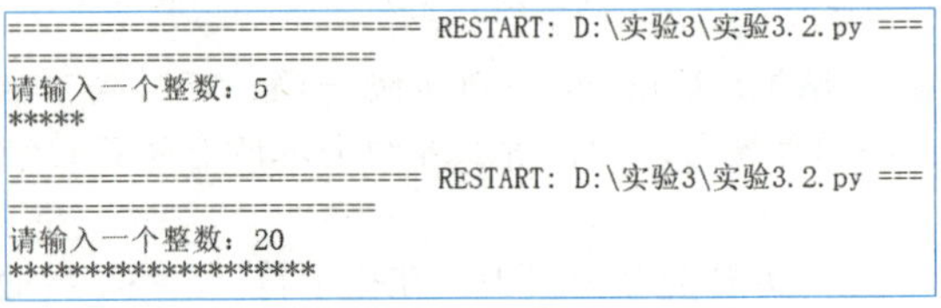

图 1-3-2　实验内容第 2 题运行结果

3. 实验内容第 3 题

分析：ord() 函数可以返回单个字符的 Unicode 编码，而 chr() 函数可以返回 Unicode 编码对应的字符。小写字母的 Unicode 编码比对应大写字母的 Unicode 编码大 32。因此用变量 c1 接收 input() 函数输入的小写字母，然后用 ord() 函数取出它的 Unicode 编码，减去 32，就可以得到对应大写字母的 Unicode 编码，再用 chr() 函数获得对应字符。

根据分析，参考程序代码如下：

```
c1 = input("请输入一个小写字母：")
c2 = chr(ord(c1) - 32)
print(f"{c1}对应的大写字母为{c2}。")
```

运行程序，如果输入 a，可以看到 a 对应的大写字母为 A；如果输入 d，可以看到 d 对应的大写字母为 D。两次运行的结果如图 1-3-3 所示。

4. 实验内容第 4 题

分析：input() 函数返回的是一个字符串，因此输入的年龄需要用 int() 函数转化成整形，输入的身高需要用 float 函数转化成浮点型。print() 函数的格式化输出可以采用占位符方式、format 方法或者 f-string 方式，".2f" 表示保留 2 位小数的浮点数。

根据分析，参考程序代码如下：

```
name = input("请输入您的姓名：")
age = int(input("请输入您的年龄："))
height = float(input("请输入您的身高："))
print(f"您好，{name}！您今年{age}岁，身高{height:.2f}米。")
```

在上述代码中，print() 函数的格式化输出采用的是 f-string 方式，也可以改写成占位符方式：

```
print("您好,%s! 您今年%d岁,身高%.2f米。" % (name, age, height))
```

或者采用 format 方法：

```
print("您好,{}! 您今年{}岁,身高{:.2f}米。".format(name, age, height))
```

运行程序，第一次输入的姓名为张三、年龄为 18、身高为 1.77；第二次输入的姓名为李四、年龄为 20、身高为 1.82。两次运行的结果如图 1-3-4 所示。

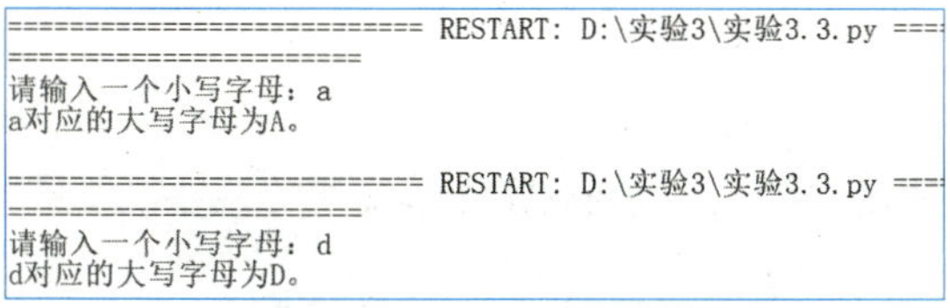

图 1-3-3　实验内容第 3 题运行结果

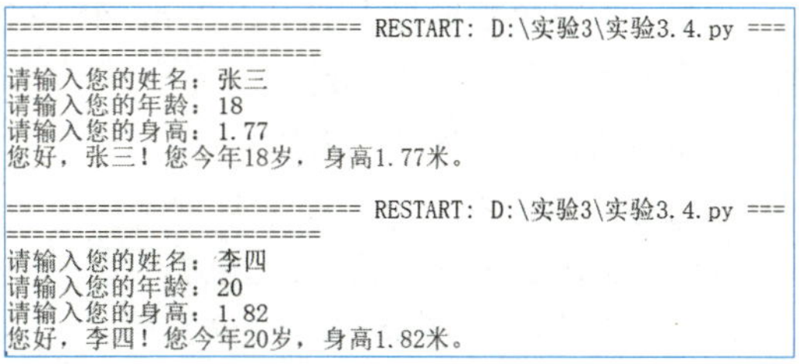

图 1-3-4　实验内容第 4 题运行结果

5. 实验内容第 5 题

分析：如果输入多个以逗号分隔的数，可以使用 eval() 函数对 input() 函数的输入内容进行转化再赋值给多个变量。输出的平方和、立方和要求以逗号分隔，可以在 print() 函数中使用 sep 参数指定分隔符。

根据分析，参考程序代码如下：

```
a, b = eval(input("请输入两个整数（以逗号分隔）: "))
c = a * a + b * b
d = a ** 3 + b ** 3
print(c, d, sep = ",")
```

运行程序，如果输入 3,4 可以看到输出结果 25,91；如果输入 1,2 可以看到输出结果 5,9。两次运行的结果如图 1-3-5 所示。

6. 实验内容第 6 题

分析：首先用 input() 函数输入一个三位数 num，由于要进行数值计算，所以要用 int() 函数转化成整形，然后利用取整和求余运算分别取出 num 的个位数、十位数和百位数，输出要求以"#"分隔，可以在 print() 函数中使用 sep 参数指定分隔符"#"。

根据分析，参考程序代码如下：

```
num = int(input("请输入一个三位数:"))
g = num % 10                    # 取个位数
s = num // 10 % 10              # 取十位数
b = num // 100                  # 取百位数
print(g, s, b, sep = "#")
```

运行程序，如果输入 123，可以看到输出结果 3#2#1；如果输入 693，可以看到输出结果 3#9#6。两次运行的结果如图 1-3-6 所示。

```
============================ RESTART: D:\实验3\实验3.5.py ===
请输入两个整数（以逗号分隔）：3,4
25,91
============================ RESTART: D:\实验3\实验3.5.py ===
请输入两个整数（以逗号分隔）：1,2
5,9
```

图 1-3-5　实验内容第 5 题运行结果

```
============================ RESTART: D:\实验3\实验3.6.py ===
请输入一个三位数：123
3#2#1
============================ RESTART: D:\实验3\实验3.6.py ===
请输入一个三位数：693
3#9#6
```

图 1-3-6　实验内容第 6 题运行结果

7. 实验内容第 7 题

分析：取多个数的最大值可以用 max() 函数，取多个数的最小值可以用 min() 函数，平均数可以通过三个数的总和除以 3 得到。

根据分析，参考程序代码如下：

```python
import random
a = random.randint(1, 100)            # 生成一个[1,100]内的随机整数
b = random.randint(1, 100)
c = random.randint(1, 100)
print("三个随机整数分别为：", a, b, c)
print("最大值为：", max(a, b, c))
print("最小值为：", min(a, b ,c))
print("平均值为：", (a + b + c) // 3)
```

运行程序两次，可以看到每次产生的随机数不一样。两次运行的结果如图 1-3-7 所示。

```
============================ RESTART: D:\实验3\实验3.7.py ===
三个随机整数分别为：  17 45 35
最大值为： 45
最小值为： 17
平均值为： 32
============================ RESTART: D:\实验3\实验3.7.py ===
三个随机整数分别为：  22 31 24
最大值为： 31
最小值为： 22
平均值为： 25
```

图 1-3-7　实验内容第 7 题运行结果

小贴士：random 标准库中的 randint() 函数可以生成指定范围内的随机整数，注意使用之前需要先导入 random 库。

3.4　实验提高

1. 输入一个整数，输出该数对应的二进制数、八进制数和十六进制数。
2. 输入一个直角三角形的两条直角边的边长，输出斜边的边长。

实验 4　顺序结构与分支结构

4.1　实验目的

1. 掌握常用的数据输入/输出语句格式。

2. 掌握顺序结构程序设计方法。

3. 掌握单分支、双分支、多分支以及分支结构嵌套的程序设计方法。

4. 掌握并灵活运用分支结构进行程序设计的编程技巧。

4.2 实验内容

1. 已知圆锥体的底面半径为 r，高为 h，求圆锥体的底面周长、表面积和体积，所有结果保留三位小数。

2. 任意输入一个三位正整数，返回数位上的最大数字。

3. 输入三角形的三条边的长度，如果能构成三角形，求其面积，否则给出提示"数据错误，非三角形！"。计算面积时采用海伦公式，结果保留两位小数。

4. 某商场为促进消费，实行购物折扣。若所购商品总开销费用 x（元）在下述范围内，将享受相应的折扣优惠。编程实现相应折算，结果保留两位小数。

（1）若 $x<500$，原价出售。

（2）若 $500 \leqslant x<1\,000$，九折出售。

（3）若 $1000 \leqslant x<2\,000$，八折出售。

（4）若 $x \geqslant 2\,000$，七折出售。

5. BMI 通过人体体重和身高两个数值获得相对客观的参数，并用这个参数所处范围衡量身体质量。根据某人身高及体重，求其 BMI 并判断其肥胖程度或健康程度。

$$BMI = 体重（kg）/ 身高^2（m^2）$$

> **小贴士**：改革开放以来，中国经济飞速发展，人民生活水平显著提高，也更加注重身体健康，其中身体肥胖程度或健康程度最受关注。身体质量指数（body mass index, BMI）是国际上常用的衡量人体肥胖程度和是否健康的重要标准。

我们国家的 BMI 衡量标准如下：BMI 值小于 18.5 为"低体重"，18.5~23.9 为"正常"，24~27.9 为"超重"，大于或等于 28 为"肥胖"，试编程实现此功能。

6. 输入某年某月，求该月的天数。

7. 求一元二次方程 $ax^2+bx+c=0$ 的根，a、b、c 的值由键盘输入，结果保留两位小数。

4.3 实验步骤

为了便于对生成的程序文件进行统一管理，可以先在磁盘中建立文件夹 D:\ 实验4，然后再进行实验内容的具体操作，所有建立的程序文件均放在此文件夹中。

1. 实验内容第 1 题

分析：圆锥体的底面半径 r 及高 h 的值可由键盘输入。根据输入的 r 及 h，利用公式，可以分别计算出底面周长、表面积和体积，分别如下：

$$底面周长 = 2\pi r$$
$$表面积 = 底面积 + 侧面积 = \pi r^2 + \pi r l，其中，l = \sqrt{r^2+h^2}。$$
$$体积 = \pi r^2 h/3$$

利用输出语句 print() 结合 format() 进行格式控制。

根据分析，参考程序代码如下：

```
from math import *                    # 导入math库，使用其中的常量pi及函数sqrt()
r, h = eval(input("输入圆锥的底面半径r和高h(r>0, h>0):"))  # 英文逗号间隔
c = 2 * pi * r                        # 底面周长
l = sqrt(r ** 2 + h ** 2)
s = pi * r * (r + l)                  # 表面积
v = pi * r ** 2 * h / 3               # 体积
print("圆锥的底面周长为:{:.3f}".format(c))   # 分别输出底面周长、表面积和体积
print("圆锥的表面积为:{:.3f}".format(s))
print("圆锥的体积为:{:.3f}".format(v))
```

运行程序，共运行两次。第一次运行时，输入圆锥的底面半径和高分别为：3，5.4。第二次运行时输入：4.8，6。两次运行的结果如图1-4-1所示。

2. 实验内容第2题

分析：三位数的正整数可以通过键盘输入，利用顺序结构实现本题操作，但需要一定的技巧。首先用取余数方法求得个位上的数字，然后将三位数变成二位数，利用除以10取整方法可实现该目的。再把二位数的个位上的数字按相同方法进行处理，可得到三位数的十位数上的数字。最后获得百位上的数字。利用Python的内置函数max()可求得三个数字中的最大值。

根据分析，参考程序代码如下：

```
n = int(input("请输入一个3位正整数:"))
g = n % 10
s = n // 10 % 10
b = n // 100
print(max(g, s, b))
```

运行程序，共运行两次，分别输入356和210。两次运行的结果如图1-4-2所示。

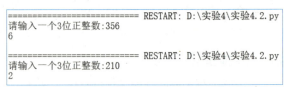

图 1-4-1 实验内容第 1 题运行结果   图 1-4-2 实验内容第 2 题运行结果

3. 实验内容第3题

分析：定义三个变量 a、b 和 c，其值由键盘输入，将它们作为三角形的三条边。首先判断输入的三条边的长度是否满足构成三角形的条件。要成为一个三角形，三条边的长度必须满足任意两边之和大于第三条。然后通过海伦公式计算面积，计算公式为：$p=(a+b+c)/2$，$s=\sqrt{p(p-a)(p-b)(p-c)}$。

根据分析，参考程序代码如下：

```
a, b, c = eval(input("请输入三角形三边的长a,b,c(a>0,b>0,c>0):"))
if a + b > c and a + c > b and b + c > a:
```

```
        p = (a + b + c) / 2
        s = (p * (p - a) * (p - b) * (p - c)) ** 0.5
        print("三角形的面积为:{:.2f}".format(s))
    else:
        print("数据错误,非三角形!")
```

运行程序,共运行两次。第一次运行时,输入三角形三边的长度为:3, 4, 5.3。第二次运行时,输入三角形三边的长度为:3, 1.5, 1。2 次运行的结果如图 1-4-3 所示。

4. 实验内容第 4 题

分析:本题根据 x 的取值范围,进行相应的分段计算,可采用多分支结构实现。

根据分析,参考程序代码如下:

```
x = float(input("请输入所购商品总费用:"))
if x < 500:
    print("未达到折扣额,实际需支付:{:.2f}元!".format(x))
elif x < 1000:
    print("九折,实际需支付:{:.2f}元!".format(0.9 * x))
elif x < 2000:
    print("八折,实际需支付:{:.2f}元!".format(0.8 * x))
else:
    print("七折,实际需支付:{:.2f}元!".format(0.7 * x))
```

运行程序,共运行三次,分别输入三个值:106, 605, 1560。三次运行的结果如图 1-4-4 所示。

图 1-4-3 实验内容第 3 题运行结果

图 1-4-4 实验内容第 4 题运行结果

5. 实验内容第 5 题

分析:根据中国卫生健康委员会的标准,我国正常成人 BMI 具体标准为:①低体重,BMI < 18.5 kg/m²;②正常体重,18.5 kg/m² ≤ BMI < 24 kg/m²;③超重,24.0 kg/m² ≤ BMI < 28.0 kg/m²;④肥胖,BMI ≥ 28.0 kg/m²。

按照 BMI 计算公式,只要输入体重和身高值,便可计算出 BMI,然后根据 BMI 值,判断其健康程度。本题结果存在多种可能性,因此可采用多分支结构实现。

根据分析,参考程序代码如下:

```
height, weight = eval(input("请分别输入身高(m)和体重(kg):"))    # 英文逗号分隔
bmi = round(weight / (height ** 2), 1)
if bmi < 18.5:
    re = "低体重"
```

```
    elif bmi < 24.0:
        re = "正常"
    elif bmi < 28.0:
        re = "超重"
    else:
        re = "肥胖"
print("您的BMI值为:{}".format(bmi))
print("您的身体健康指标为:{}".format(re))
```

运行程序,共运行三次。第一次运行时,输入的数据为:1.7, 65。第二次运行时输入:1.75, 80。第三次运行时输入:1.8, 95。三次运行的结果如图1-4-5 所示。

6. 实验内容第 6 题

分析:年、月和日可分别用变量 year、month 和 day 表示。每年的第 1、3、5、7、8、10、12 月均为 31 天,可用一个元组来表示。第 4、6、9、11

图 1-4-5　实验内容第 5 题运行结果

月均为 30 天,可用另一个元组来表示。判断输入的月值是否在这两个元组中即可确定其天数。闰年的第 2 月有 29 天,平年为 28 天。因此,需要判断输入的年值是否为闰年来确定第 2 月的天数。

根据分析,参考程序代码如下:

```
year, month = eval(input("分别输入年和月的值:"))    # 英文逗号间隔
if month in (1, 3, 5, 7, 8, 10, 12):
    day = 31
elif month in (4, 6, 9, 11):
    day = 30
else:
    if year % 4 == 0 and year % 100 != 0 or year % 400 == 0:
        day = 29
    else:
        day = 28
print("{0}年{1}月有{2}天!".format(year, month, day))
```

运行程序,共运行两次。第一次运行时,输入年和月值为:2023, 2。第二次运行时输入:2024, 7。两次运行的结果如图 1-4-6 所示。

图 1-4-6　实验内容第 6 题运行结果

7. 实验内容第 7 题

分析:一元二次方程的根和系数的关系如下:

(1)当 a 为 0 时,b 不能同时为 0,否则无意义。a 为 0,b 不为 0 时,仅有一个实根 $-c/b$。

(2)当 a 不为 0 时,计算 $\Delta=b^2-4ac$。

①如果 ⍙>=0，有两个不等的实根，$x=\dfrac{-b\pm\sqrt{\Delta}}{2a}$。

②如果 ⍙=0，有两个相等的实根，$x=-b/(2a)$。

③如果 ⍙<0，有一对共轭复根，$x=\dfrac{-b\pm\sqrt{-\Delta}\mathrm{i}}{2a}$，其中 $\mathrm{i}^2=-1$。

根据分析，参考程序代码如下：

```python
a, b, c = eval(input("请输入一元二次方程的系数a,b,c:"))    # 英文逗号间隔
if a == 0:
    if b == 0:
        print("方程无意义!")
    else:
        print("方程仅有一个实根:{:.2f}".format(-b / a))
else:
    delta = b ** 2 - 4 * a * c
    re = -b / (2 * a)
    im = abs(delta ** 0.5 / (2 * a))
    if delta > 0:
        print("方程有两个不等的实根，分别为:")
        print("x1={:.2f}\nx2={:.2f}".format(re + im, re - im))
    else:
        if delta < 0:
            print("方程有一对共轭复根，分别为:")
            print("x1={:.2f}+{:.2f}i".format(re, im))
            print("x2={:.2f}-{:.2f}i".format(re, im))
        else:
            print("方程有两个相等的实根:\nx1=x2={:.2f}".format(re))
```

运行程序，共运行四次。第一次运行时，输入的数据为：0, 0, 6.5。第二次运行时输入：1, -4, 4。第三次运行时输入：3, 5, 1.4。第四次运行时输入：2, -3.5, 6。四次运行的结果如图 1-4-7 所示。

4.4 实验提高

1. 任意输入一个四位正整数，将其各位上的数字单独显示出来，并求其和值。

2. 从键盘输入一个学生的成绩，判断该学生成绩的等级。成绩等级划分为以下五级：小于 60 分的为"不及格"，60~70 分之间的为"合格"，70~80 分之间的为"中等"，80~90 分之间的为"良好"，90~100 之间的为"优秀"。

3. 根据输入的 x 值，计算下面分段函数的值。

```
========================= RESTART: D:\实验4\实验4.7.py
请输入一元二次方程的系数a,b,c:0,0,6.5
方程无意义!
========================= RESTART: D:\实验4\实验4.7.py
请输入一元二次方程的系数a,b,c:1,-4,4
方程有两个相等的实根:
x1=x2=2.00
========================= RESTART: D:\实验4\实验4.7.py
请输入一元二次方程的系数a,b,c:3,5,1.4
方程有两个不等的实根，分别为:
x1=-0.36
x2=-1.31
========================= RESTART: D:\实验4\实验4.7.py
请输入一元二次方程的系数a,b,c:2,-3.5,6
方程有一对共轭复根，分别为:
x1=0.88+1.49i
x2=0.88-1.49i
```

图 1-4-7 实验内容第 7 题运行结果

$$y = \begin{cases} 3x^2 + 3x - 4 & x < -2 \\ x^2 - 3x + 1 & -2 \leq x < 3 \\ x^2 + 1 & 3 \leq x < 6 \\ 4x & x \geq 6 \end{cases}$$

实验 5 循环结构

5.1 实验目的

1. 掌握 for 循环结构及程序设计方法。
2. 掌握 while 循环结构及程序设计方法。
3. 掌握循环转移语句 break、continue 和 else 的使用方法。

5.2 实验内容

1. 求出三位数中的所有水仙花数。

2. 判断输入的任意一个正整数是否为完数。完数的定义：某个数的所有因子（除本身外）之和等于该数本身，则称这个数为完数。例如：28=1+2+4+7+14，所以 28 为一个完数。

3. 输入两个正整数 m 和 n，求它们的最大公约数和最小公倍数。

4. 将公元 2000 年到公元 2100 年中的所有闰年年份输出，每行放 10 个年值并以制表符"\t"间隔。

5. 一球从 h 米高度（由键盘输入）自由落下，每次落地后反弹至原高度的一半，再落下。求它在第 10 次落地时，经过的轨迹共多少米？第 10 次反弹多高？结果保留四位小数。

6. 求 s=a+aa+aaa+...+aa...a 的值，最后一个数中 a 的个数为 n。a 和 n 都由键盘输入，其中 a 是一个 1~9 的数字，$n \geq 2$。例如，3+33+333+3333+33333，此时 a=3，n=5。

7. 改革开放以来，中国经济飞速发展，取得了举世瞩目的成就。二十大报告指出，近十年来，人均国内生产总值从 39 800 元增加到 81 000 元。按目前年平均增长率，经过多少年，人均国内生产总值可达 150 000 元？

5.3 实验步骤

1. 实验内容第 1 题

分析：水仙花数（narcissistic number）也被称为超完全数字不变数（pluperfect digital invariant，PPDI）、自恋数、自幂数、阿姆斯壮数或阿姆斯特朗数（Armstrong number）。三位数的水仙花数是指一个三位数，它的每个数位上的数字的三次幂之和等于它本身。例如：$1^3 + 5^3 + 3^3 = 153$，153 为一个水仙花数。

本题取数范围为 100~999。本题的关键是如何分离出一个三位数中的各位数字。可以采用除以 10 取余数的方法实现，所得余数就是 3 位数最右边的数字。接着将除以 10 的商取整数，得到的就是去掉右边数字之后的整数。以此类推，可以将各位数字取出来。然后求各位数字的立方之和，如果等于原来的整数，则是水仙花数，否则不是。

根据分析，参考程序代码如下：

```
for x in range(100, 1000):
    g = x % 10
    s = x // 10 % 10
    b = x //100
    if g ** 3 + s ** 3 + b ** 3 == x:
        print(x, end = "\t")
```

运行程序，结果如图 1-5-1 所示。

2. 实验内容第 2 题

分析：完数，又称为完全数（perfect number）、完美数或完备数，其所有因子（除本身外）之和等于该数本身。

假设输入的正整数为 n，因子之和为 s。由完数的定义可知，需要不断地找出 n 的因子 x，并且满足 n%x==0，然后累加到变量 s 中，即 s+=x。显然 x 的范围应该是 1~n/2，反复循环操作，直到找出该正整数的所有因子，最后判断该数是否为完数。

根据分析，参考程序代码如下：

```
n = int(input("请输入一个正整数:"))
s = 0
for x in range(1, int(n / 2) + 1):
    if n % x == 0:
        s += x
if s == n:
    print("{}是一个完数!".format(n))
else:
    print("{}不是一个完数!".format(n))
```

运行程序，共运行两次。第一次运行时，输入的值为：15；第二次运行时输入：28。两次运行的结果如图 1-5-2 所示。

图 1-5-1　实验内容第 1 题运行结果

图 1-5-2　实验内容第 2 题运行结果

3. 实验内容第 3 题

分析：如果一个自然数 a 能被自然数 b 整除，则称 a 为 b 的倍数，b 为 a 的约数。几个自然数公有的约数，称为这几个自然数的公约数。公约数中最大的一个，称为这几个自然数的最大公约数。

根据约数的定义可知，某个数的所有约数必不大于这个数本身，几个自然数的最大公约数必不大于其中任何一个数。要求任意两个正整数的最大公约数即求出一个不大于这两个数中的任何一个，但又能同时整除两个整数的最大自然数。最大公约数的求法有很多种，现在介绍其中的一种方法。按照从大（两整数中较小的数）到小（最小的整数 1）的顺序求出第一个能同时整除两个整数的自然数，即为所求的最大公约数。假设 t 始终存放 m 和 n 之间的最小数，通过 range(t, 0, -1) 进行遍历，找到的第一个数即为所求,然后通过 break 语句结束循环。最小公倍数为 $m*n/$ 最大公约数。

根据分析,参考程序代码如下:

```
m = int(input("输入正整数m:"))
n = int(input("输入正整数n:"))
if m > n:
    t = n
else:
    t = m
for i in range(t, 0, -1):
    if m % i == 0 and n % i == 0:
        print("{}和{}的最大公约数为:{}".format(m, n, i))
        print("{}和{}的最小公倍数为:{}".format(m, n, int(m * n / i)))
        break
```

运行程序,共运行两次。第一次运行时,分别输入 m 和 n 的值为:5,6。第二次运行时输入:24,48。两次运行的结果如图 1-5-3 所示。

图 1-5-3 实验内容第 3 题运行结果

4. 实验内容第 4 题

分析:定义一个存放年值的变量 year,通过循环结构在指定范围内获取一个年值,然后判断其是否为闰年。闰年的判断依据是:year 是 4 的倍数但不是 100 的倍数,或者 year 是 400 的倍数。year 在 2000 和 2100 之间进行取值并对每一个 year 进行判断。定义一个变量用来统计闰年的个数,如果是 10 的倍数则换行,否则间隔 "\t" 在同行输出。

根据分析,参考程序代码如下:

```
i = 0
for year in range(2000, 2101):
    if year % 4 == 0 and year % 100 != 0 or year % 400 == 0:
        print(year, end = "\t")
        i += 1
        if i % 10 == 0:
            print()
```

运行程序,结果如图 1-5-4 所示。

图 1-5-4 实验内容第 4 题运行结果

5. 实验内容第 5 题

分析:除第一次外,每次小球经过的距离为反弹高度的两倍,每次高度减半,共十次。因此,可用循环结构实现小球经过距离的累加计算。

根据分析，参考程序代码如下：

```
height0 = float(input("请输入小球初始高度值:"))
s_height, height = height0, height0
for i in range(1, 11):
    height = height / 2
    s_height += height * 2
print("小球从{}米高度落下,共经过了{:.4f}米!".format(height0, s_height))
print("第10次反弹高度为:{:.4f}米!".format(height))
```

运行程序，共运行两次。第一次运行时，输入的值为：100；第二次运行时输入：210.8。两次运行的结果如图 1-5-5 所示。

6. 实验内容第 6 题

分析： $a, aa, aaa, \cdots$ 是一个有规律的序列，从第 2 项起，每一项是其前一项的值乘 10 加 a 获得，即 $aa = a \times 10 + a$，$aaa = aa \times 10 + a$，$\cdots$。同时，需要进行累加，可以设计一个累加器，用来实现将各项进行累加运算。

根据分析，参考程序代码如下：

```
print("请输入a(0~9)和n(n>=2),用英文逗号分隔:")
a, n = eval(input())
t = a
s = 0
for i in range(1, n + 1):
    s += t
    t = t * 10 + a
print("其和值为:{}".format(s))
```

运行程序，共运行两次。第一次运行时，输入的值为：3, 3。第二次运行时输入：5, 6。两次运行的结果如图 1-5-6 所示。

```
================= RESTART: D:\实验5\实验5.5.py
请输入小球初始高度值:100
小球从100.0米高度落下,共经过了299.8047米!
第10次反弹高度为:0.0977米!
================= RESTART: D:\实验5\实验5.5.py
请输入小球初始高度值:210.8
小球从210.8米高度落下,共经过了631.9883米!
第10次反弹高度为:0.2059米!
```

图 1-5-5 实验内容第 5 题运行结果

```
================= RESTART: D:\实验5\实验5.6.py
请输入a(0~9)和n(n>=2),用英文逗号分隔:
3,3
其和值为:369
================= RESTART: D:\实验5\实验5.6.py
请输入a(0~9)和n(n>=2),用英文逗号分隔:
5,6
其和值为:617280
```

图 1-5-6 实验内容第 6 题运行结果

7. 实验内容第 7 题

分析： 十年时间，人均国内生产总值（GDP per capita，GDPPC）从 39 800 元增长到时 81 000 元，可以求出平均年增长率，该公式为 $39\,800 \times (1+rate)^{10} = 81\,000$，其中，rate 为平均年增长率。利用得到的 rate 值，可以计算出所需要的年值。由于循环次数未知，使用 while 循环结构实现，循环条件为 GDPPC 不大于 150 000 元。

根据分析，参考程序代码如下：

```
from math import *
times = 81000 / 39800
n = 10
rate = pow(times, 1 / n) - 1
gdppc = 81000
year = 0
while gdppc <= 150000:
    year += 1
    gdppc = gdppc * (1 + rate)
print("GDPPC的平均年增长率为:{:.2f}%".format(rate * 100))
print("经过{}年后，GDPPC可以达150000元!".format(year))
```

运行该程序，结果如图 1-5-7 所示。

图 1-5-7　实验内容第 7 题运行结果

5.4　实验提高

1. 分别计算 200 以内所有奇数之和与偶数之和。

2. 求当 1!+2!+3!+…+N! 的和值不超过 50 000 时的临界值及 N 的值。

3. 从键盘上输入一个正整数 N，以该数为起始数，求出 20 个能被 3 整除且末位数是 3 的数。

4. 从键盘输入一串字符（口令），自动判断输入的口令是否与系统的口令（口令为"123456"）一致。若一致，则显示相应的"欢迎使用!"，否则有三次机会重新输入口令。输入次数在三次以内，给予"重输!"的提示；输入三次以上，显示"无权使用!"的信息并结束程序运行。

实验 6　循环结构嵌套

6.1　实验目的

1. 掌握 for 循环结构嵌套的程序设计方法，包括 for 嵌套 for 循环结构、for 嵌套 while 循环结构。

2. 掌握 while 循环结构嵌套的程序设计方法，包括 while 嵌套 while 循环结构、while 嵌套 for 循环结构。

3. 掌握循环结构嵌套时，内外循环相互协调的控制方法及技巧。

6.2　实验内容

1. 输出 2 至 n（n≥2）之间的所有素数，素数之间用 1 个空格间隔，n 由键盘输入。

2. 求 $s=2!-4!+6!-8!+\cdots+(-1)^{n-1}(2n)!$（n≥1），n 由键盘输入。

3. 输出 1 至 n（n≥10）之间的所有完美数，n 由键盘输入。完美数是指除自身外，所有因子之和等于这个数。例如，6 的因子为 1、2、3，有 1+2+3=6，因此 6 是一个完美数。

4. 输出如图 1-6-1 所示的图形。

5. 打印矩阵图形 N×N。N 由键盘输入，其中主对角线和次对角线上的元素值均为 A，其余位置上的元素值均为 B。当 N 为 6 时，如图 1-6-2 所示，各个元素间隔两个空格。

6. 搬砖问题：36 块砖，36 人搬。男搬 3，女搬 2，两个小儿抬一砖，要求一次搬完，问需男、女、小儿各若干？

```
*********
 *******
  *****
   ***
    *
```

图 1-6-1　倒三角形

```
A B B B B A
B A B B A B
B B A A B B
B B A A B B
B A B B A B
A B B B B A
```

图 1-6-2　矩阵图形

6.3　实验步骤

1. 实验内容第 1 题

分析：素数也称质数，是指除了 1 和它本身外，不能被其他整数整除的自然数，否则称为合数。

判断一个数 x 是否为素数，将 2~x-1 中的每一个数去除 x，如果没有任何数能够整除 x，则 x 为素数。只要发现其中有一个整数能够整除 x，则 x 就不是素数。在采用循环结构取数进行整除时，如果发现整除情况，可用 break 语句中止循环。实际上整除时，可以确定用于整除的整数最小范围为 [2, int($\sqrt{x}$)+1]。即对于一个输入的正整数 x，如果范围 [2, int($\sqrt{x}$)+1] 中任意自然数都不能整除 x，则 x 为素数。只要在循环外面再增加一层循环结构，就可以实现判断一系列数是否素数的操作。

根据分析，参考程序代码如下：

```
from math import *
n = int(input("输入一个正整数n(n>=2):"))
for x in range(2, n + 1):
    for i in range(2, int(sqrt(x)) + 1):
        if x % i == 0:
            break
    else:
        print(x, end=" ")
```

运行程序，共运行三次。第一次运行时，输入的值为：3；第二次运行时输入：100；第三次运行时输入：200。三次运行的结果如图 1-6-3 所示。

```
==================== RESTART: D:\实验6\实验6.1.py ====================
输入一个正整数n(n>=2):3
2 3
==================== RESTART: D:\实验6\实验6.1.py ====================
输入一个正整数n(n>=2):100
2 3 5 7 11 13 17 19 23 29 31 37 41 43 47 53 59 61 67 71 73 79 83 89 97
==================== RESTART: D:\实验6\实验6.1.py ====================
输入一个正整数n(n>=2):200
2 3 5 7 11 13 17 19 23 29 31 37 41 43 47 53 59 61 67 71 73 79 83 89 97 101 103 107 109
113 127 131 137 139 149 151 157 163 167 173 179 181 191 193 197 199
```

图 1-6-3　实验内容第 1 题运行结果

2. 实验内容第 2 题

分析：该题有两个关键点，首先是奇数位置上的值为正数，偶数位置上的值为负数，其次需要计算每个数的阶乘，然后再对阶乘值进行累加。对于正负性，可以定义一个变量 t=1，通过 t=-t 实现正负的改变。对于任意正整数 n，其阶乘（累乘）的程序代码为：

```
p = 1
for i in range(1, n + 1):
    p = p * i
```

参考阶乘（累乘）操作的代码，如果要实现累加操作，例如 1+2+3+4+…+n，其代码为：

```
s = 0
for i in range(1, n + 1):
    s = s + i
```

综上所述，本题可利用 for 循环的嵌套结构实现，外循环用来实现取数及累加运算，内循环实现阶乘运算。内循环体内的语句采用 p=p*k 或 p*=k 实现 i 的阶乘计算。在外循环体中，可利用语句 s=s+t*p 或 s+=t*p 实现累加运算。

根据分析，参考程序代码如下：

```
n = int(input("请输入n(n>=1):"))
s, t = 0, 1
for i in range(1, n + 1):
    p = 1
    for k in range(1, 2 * i + 1):
        p *= k
    s += t * p
    t = -t
print(s)
```

运行程序，共运行三次。第一次运行时，输入的值为：1；第二次运行时输入：3；第三次运行时输入：6。三次运行的结果如图 1-6-4 所示。

3. 实验内容第 3 题

分析："实验 5"中的实验内容第 2 题实现了判断任意一个正整数是否完美数的操作。可以在此基础上增加一层循环结构，实现指定范围内的取数操作。因此，本题可采用循环结构嵌套方法实现。

根据分析，参考程序代码如下：

```
n = int(input("请输入n(n>=10):"))
for x in range(1, n + 1):
    s = 0
    for i in range(1, int(x / 2) + 1):
        if x % i == 0:
            s += i
    if s == x:
        print(x, end=" ")
```

运行程序，共运行三次。第一次运行时，输入的值为：10；第二次运行时输入：100；第三次运行时输入：10000。三次运行的结果如图 1-6-5 所示。

```
============================ RESTART: D:\实验6\实验6.2.py
请输入n(n>=1):1
2
============================ RESTART: D:\实验6\实验6.2.py
请输入n(n>=1):3
698
============================ RESTART: D:\实验6\实验6.2.py
请输入n(n>=1):6
-475412422
```

图 1-6-4　实验内容第 2 题运行结果

```
============================ RESTART: D:\实验6\实验6.3.py
请输入n(n>=10):10
6
============================ RESTART: D:\实验6\实验6.3.py
请输入n(n>=10):100
6 28
============================ RESTART: D:\实验6\实验6.3.py
请输入n(n>=10):10000
6 28 496 8128
```

图 1-6-5　实验内容第 3 题运行结果

4. 实验内容第 4 题

分析：对于由多行多列对象构成且具有一定规律的二维图形，可采用双重循环结构（循环嵌套）来实现，由外循环控制行数，内循环控制某行中的列数（某行中输出的对象个数）。本题的输出图形是一个由"*"组成的倒三角形，大小为 5 行 9 列。每行中的星号个数与行数存在如下的关系：每行星号数 =12- 行数 *2。而且，从第 2 行开始，每行的输出位置与行数也存在一定的关系：每增加一行，则输入位置向右增加 1 列，这个操作可通过增加一个空格实现，空格数与行数相等。

根据分析，参考程序代码如下：

```
for i in range(1, 6):
    for j in range(1, 2 + i):
        print(" ", end = "")
    for k in range(1, 12 - 2 * i):
        print("*", end = "")
    print()
```

运行该程序可得到相应的二维图形，如图 1-6-1 所示。利用双重循环结构，可以实现多种形式的二维图形编程，读者可以尝试实现下列图形的编程，如图 1-6-6 所示。

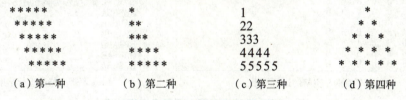

(a) 第一种　　(b) 第二种　　(c) 第三种　　(d) 第四种

图 1-6-6　多种形式的二维图形

5. 实验内容第 5 题

分析：实验内容第 4 题在处理输出的二维图形时，每个位置上输出的图形元素是相同的，而本题却不同，然而他们之间有一定规律可循。图 1-6-2 的输出图形为一方阵 $N \times N$，N 由键盘输入。其中，主对角线和次对角线上的元素都为"A"，其余为"B"。存放"A"的条件是 $i=j$ 或 $i+j=N+1$，其中 i 为行数，j 为列数。可用双重循环结构实现，外循环用来控制行数，内循环用来控制每行中的元素个数及元素值。注意，元素"A"或"B"的左侧均有两个空格。

根据分析，参考程序代码如下：

```
n = int(input("请输入确定n*n方阵的n(n>=2):"))
for i in range(1, n + 1):
```

```
        for j in range(1, n + 1):
            if i == j or i + j == n + 1:
                print("  A", end = "")
            else:
                print("  B", end = "")
        print()
```

运行程序,共运行三次。第一次运行时,输入的值为:3;第二次运行时输入:6;第三次运行时输入:9。三次运行的结果如图6-7(a)所示。将程序中的语句print(" A",end="")和print(" B",end=="")分别修改为:print("A",end="")和printt("B",end="")。运行程序,当输入的n值为6时,结果如图1-6-7(b)所示。由此可见,仅调整程序中的部分语句,就可以调整输出图形的形状。读者可以通过分析实验内容第4题和实验内容第5题,体会二维图形的设计技巧,然后可将此方法应用于类似的二维图形的程序设计中。

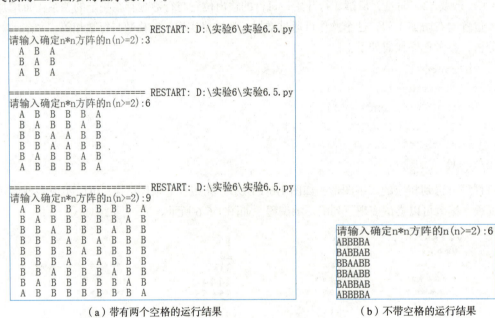

(a) 带有两个空格的运行结果　　　　　　(b) 不带空格的运行结果

图 1-6-7　实验内容第 5 题程序运行结果

6. 实验内容第 6 题

分析:首先建立数学模型。假设男有 x 人,女有 y 人,小儿有 z 人,根据题意,可以建立两个数学方程式:$x+y+z=36$, $3x+2y+z/2=36$。其次,仔细分析这两个方程式,可以发现,x 的最大值为 12,y 的最大值为 18,z 为 $36-x-y$。如果用 x 和 y 作为循环结构的循环控制变量,根据"穷举法",可以计算出 x、y 和 z 的可能组合,也就解决了问题。

根据分析,参考程序代码如下:

```
for x in range(0, 13):
    for y in range(0, 19):
        z = 36 - x - y
```

```
if 3 * x + 2 * y + z / 2 == 36:
    print("男:{}\t女:{}\t小儿:{}".format(x, y, z))
```

运行程序，结果如图 1-6-8 所示。

6.4 实验提高

1. 求 $P=1-1/3!+1/5!-1/7!+\cdots+(-1)^{(n-1)}/(2\times n-1)!$（$n\geqslant 1$），$n$ 由键盘输入。
2. 输出显示如图 1-6-9 所示的乘法表。

```
1)  1
2)  2   4
3)  3   6   9
4)  4   8   12  16
5)  5   10  15  20  25
6)  6   12  18  24  30  36
7)  7   14  21  28  35  42  49
8)  8   16  24  32  40  48  56  64
9)  9   18  27  36  45  54  63  72  81
```

```
男:0    女:12   小儿:24
男:3    女:7    小儿:26
男:6    女:2    小儿:28
```

图 1-6-8　实验内容第 6 题运行结果

图 1-6-9　乘法表

实验 7　程序控制结构综合应用

7.1　实验目的

1. 掌握各种程序结构控制方法，能综合运用分支结构、循环结构进行程序设计。
2. 能熟练运用程序设计技巧灵活解决一些实际问题。

7.2　实验内容

1. 按照规定，在高速公路上行驶的机动车，达到或超出本车道限速的 10% 则处 200 元罚款；若达到或超出 50%，就要吊销驾驶证。请编写一个检测程序，首先根据提示"是否需要检测车速（Y/N）？"若回答"Y"，则输入车速和限速，自动判别对该机动车的处理，直到回答"N"，结束检测过程。若属于正常行驶，则输出"车速正常！"；若处罚款，则输出"超速 x%，罚款 200 元！"；若吊销驾驶证，则输出"超速 x%，吊销驾驶证！"。其中 x 是超速的百分比，精确到小数点后一位。

2. 2020 年 12 月 8 日，汉语和尼泊尔语同时向世界说出珠穆朗玛峰的"新身高" 8 848.86 m，地球之巅从此有了新的注解，这是中国给出"世界高度"的新答案。假设一张纸的厚度大约是 0.08 mm，试问，从理论上来讲，对折多少次之后能达到或超过珠穆朗玛峰的高度（实际可能无法实现）？

3. 有 n（$n\geqslant 100$，键盘输入）个西瓜，第一天卖掉总数的一半后又多卖出两个，以后每天卖剩下的一半多两个，试问几天以后能卖完？

4. 显示以下图形，数字间隔一个空格。当输入 2 时，输出图形如图 1-7-1（a）所示；当输入 3 时，输出图形如图 1-7-1（b）所示；当输入 5 时，输出图形如图 1-7-1（c）所示。

```
        1
      2 1 2
    3 2 1 2 3
  4 3 2 1 2 3 4
5 4 3 2 1 2 3 4 5
```

```
    1
  2 1 2
3 2 1 2 3
```

```
  1
2 1 2
```

（a）输入2时　　　（b）输入3时　　　　（c）输入5时

图 1-7-1　输出图形

5. "故不积跬步，无以至千里；不积小流，无以成江海""学如逆水行舟，不进则退"。试编程体会坚持学习，每天进步一点点的强大力量。

（1）如果以 1 为基数，每天学习进步一点点，即 1%，则一年（365 天）累积可进步多少？反之，如果每天退步一点点 1%，则一年后还剩下多少呢？

（2）每周用 5 天时间来学习，周六周日休息。学习期间按每天进步一点点 1% 计算，休息时按每天退步一点点 1% 计算，则一年累积下来可进步多少呢？

（3）如果甲按每天都进步一点点 1% 学习方式，乙按每周 5 天学习和 2 天休息的方式，一年下来，乙想取得和甲一样的进步，请问乙在工作日（5 天）的学习中需要每天进步多少？

7.3　实验步骤

1. 实验内容第 1 题

分析： 系统需要根据输入车速及限速进行反复检测，因此可采用 while 永真结构，直到输入字符"N"或"n"结束。如果输入"Y"或"y"，则进入正常的检测流程。否则，可提示重新输入。正常进入检测流程后，输入车速及限速数据，然后利用多分支结构进行各种情况处理并输出相应处理结果。

根据分析，参考程序代码如下：

```python
while True:
    yn = input("是否需要检测车速(Y/N):")
    if yn == "Y" or yn == "y":
        car_speed, limi_speed = eval(input("请输入车速及限速数据,以英文逗号间隔:"))
        ex_speed = (car_speed - limi_speed) * 100 / limi_speed
        if ex_speed <= 10:
            print("车速正常!")
        elif ex_speed <= 50:
            print("超速{}%,罚款200!".format(round(ex_speed, 1)))
        else:
            print("超速{}%,吊销驾驶证!".format(round(ex_speed, 1)))
    elif yn == "N" or yn == "n":
        print("欢迎再次使用!")
        break
    else:
        print("数据错误,只需输入单个字符Y或N,再试一次!")
```

运行程序，输入检测数据，结果如图 1-7-2 所示。

```
========================= RESTART: D:\实验7\实验7.1.py
是否需要检测车速(Y/N):y
请输入车速及限速数据,以英文逗号间隔:90,100
车速正常!
是否需要检测车速(Y/N):y
请输入车速及限速数据,以英文逗号间隔:100,90
超速11.1%,罚款200!
是否需要检测车速(Y/N):y
请输入车速及限速数据,以英文逗号间隔:150,90
超速66.7%,吊销驾驶证!
是否需要检测车速(Y/N):n
欢迎再次使用!
```

图 1-7-2　实验内容第 1 题运行结果

2. 实验内容第 2 题

分析：纸的厚度与珠峰高度单位不一致，需要转换成一致。纸张对折一次，厚度增加 1 倍，反复此操作，可用循环结构来控制，但循环次数未知，所以用 while 循环结构。循环的条件就是不大于珠峰的高度值。

根据分析，参考程序代码如下：

```python
i = 0.08
total = 0
while i <= 8848860:
    i = i * 2
    total = total + 1
print("总共对折{}次,可达到珠峰高度!".format(total))
```

运行程序，结果为"总共对折 27 次，可达到珠峰高度！"。

3. 实验内容第 3 题

分析：需要假设为每次售卖整个西瓜而不能切开，共 n 个西瓜，第一天卖掉后剩下的瓜为 $n-[int(n/2)+2]$ 个，然后再将此值重新赋值给 n，反复操作，直到剩下的瓜 n 为 0 为止。由于循环次数未知，可采用 while 循环结构实现，循环的条件为 $n>0$。

根据分析，参考程序代码如下：

```python
N = int(input("输入西瓜总数n(n>=100):"))
i = 0
while n > 0:
    n = n - (int(n / 2) + 2)
    i = i + 1
print("{}天后,西瓜被卖完!".format(i))
```

运行程序，共运行两次。第一次运行时，输入的值为：100；第二次运行时输入：610。两次运行的结果如图 1-7-3 所示。

4. 实验内容第 4 题

分析：根据图 7-1 所示，可以找出输出图形的规律。整体上看，输出为二维图形且循环次数已知，可用 for 循环结构嵌套实现。用变量 i 来控制外循环的循环次数。内循环用于每行元素的输出，由于每行中的元素不尽相同，需要将每行中的元素分成三部分，每部分用一个循环结构来实现。第一部分用来控制左侧的空格数,从上到下,空格数逐行减少。如果输入的行数为 n,则空格数可设置为 range(0, n-i)。第二部分实现中间数字 1 的左侧部分,可取值范围为 range(i, 0, -1)。第三部分为最右侧部分,可取值范围为 range(2, i+1)。每行显示完数字后,可用 print() 换行。

根据分析,参考程序代码如下:

```
n = int(input("请输入行数n(n>=2):"))
for i in range(1, n + 1):
    for j in range(0, n - i):
        print("  ",end = "")
    for k in range(i, 0, -1):
        print("%s" % k, end = " ")
    for h in range(2, i + 1):
        print("%s" % h, end = " ")
    print()
```

运行程序,共运行三次。第一次运行时,输入的值为: 3;第二次运行时输入: 5;第三次运行时输入: 9。三次运行的结果如图 1-7-4 所示。

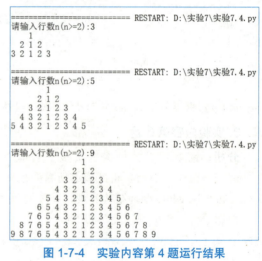

图 1-7-3　实验内容第 3 题运行结果　　　　图 1-7-4　实验内容第 4 题运行结果

5. 实验内容第 5 题

分析:第一个问题,根据题意,可以建立数学模型,每天进步一点点,365 天可累积的进步为:$(1+0.01)^{365}$,反之,退步一点点,365 天后的结果为:$(1-0.01)^{365}$。可用 Python 的内置函数 pow() 实现相应计算。当然,也可以用循环结构来实现。第二个问题,每周 7 天,如果按周一至周五学习,周六周日休息,遍历范围 [1, 365] 内的每个数字,其与 7 相除的余数正好对应星期几,即余数 1~5 分别对应周一~周五,余数 6 对应周六,余数 0 对应周日,具体方法可用分支结构来判断。利用循环结构实现一年的累积。第三个问题是前面两个问题的综合,可结合起来考虑。由于不知道努力的程度如何,可以预设一个初值,例如取值 0.0001,计算一年累计获得,然后以此步长进行累加,通过不断的迭代以找到一个合适的努力值,通过计算,可以达到所需的目标值(一年的累计获得)。由于需要反复迭代计算,可以利用双重循环结构实现,外循环用来累加努力值,内循环用来计算一年的累计获得。

根据分析,程序设计如下:

(1)参考程序代码如下:

```
forward = pow(1.01, 365)
backward = pow(0.99, 365)
print("累积获得:{:.2f}\n累积剩余:{:.2f}".format(forward, backward))
```

运行程序,结果为:

```
累积获得:37.78
累积剩余:0.03
```

从结果可知,每天进步一点点,一年后获得的进步可达 37.78。反之,如果每天退步一点点,一年后仅剩下 0.03,差距甚大。

> **小贴士:**
> 同学们,只有不断努力学习,才能不断进步。勉励同学踔厉奋发、勇毅前行,以不负韶华!

如果用循环结构实现,结果一致,参考代码如下:

```
forward, backward, factor = 1, 1, 0.01
for i in range(1, 366):
    forward *= (1 + factor)
    backward *= (1 - factor)
print("累积获得:{:.2f}\n累积剩余:{:.2f}".format(forward, backward))
```

(2)参考程序代码如下:

```
forward, factor = 1, 0.01
for i in range(1, 366):
    if i%7 in [0, 6]:
        forward *= (1 - factor)
    else:
        forward *= (1 + factor)
print("工作日累积获得:{:.2f}".format(forward))
```

运行该程序,结果为:

```
工作日累积获得:4.72
```

> **小贴士:**
> 结果可知,即使工作日进步一点点,周六周日休息,一年下来也会取得不小的进步!

(3)参考程序代码如下:

```
forward, factor = 1, 0.01
total = pow(1.01, 365)
while forward <= total:
    forward = 1
```

```
        factor += 0.0001
        for i in range(1, 366):
            if i % 7 in [0, 6]:
                forward *= (1 - 0.01)
            else:
                forward *= (1 + factor)
    print("乙工作日的进步参数为:{:.4f}, 即{:.2f}%!".format(factor, factor * 100))
```

运行该程序，结果为"乙工作日的进步参数为：0.0181，即 1.81%！"。也就是当乙想取得和甲一样的进步，乙在工作日的学习中每天需要进步 1.81，即乙的努力是甲的 1.81 倍。将值 0.0181 再次代入，计算乙一年下来的累计进步值为：37.96。

> 小贴士：
> 通过本实验内容，请大家深刻体会和反思水滴石穿，持之以恒的努力学习背后的强大力量！

7.4 实验提高

1. 输入一个正整数，将其逆序输出，例如，输入 234523，输出为 325432。

2. 猴子吃桃。猴子第一天摘下若干个桃子，当即吃了一半，还不过瘾，又多吃了一个，第二天早上又将剩下的桃子吃了一半，又多吃一个，以后每天都吃了前一天剩下的一半零一个。到第十天早上想再吃时，只剩下一个桃子。求第一天共摘了多少个桃子？

3. 甲、乙、丙、丁、戊五个人合伙夜间捕鱼，凌晨时疲惫不堪，于是各自在河边的树丛中找地方睡着了。第二天日上三竿时，甲第一个醒来，他将鱼平分为五份，把多余的一条扔回河中，然后拿着自己的一份回家去了；乙第二个醒来，但不知道 A 已经拿走了一份鱼，于是他将剩下的鱼平分为五份，扔掉多余的一条，然后只拿走了自己的一份；接着丙、丁、戊依次醒来，也都按同样的办法分鱼。问这五人至少合伙捕到多少条鱼？

实验 8　字　符　串

8.1 实验目的

1. 掌握字符串的表示与创建方法。
2. 掌握字符串比较、索引、切片、重复、连接等基本操作方法。
3. 掌握字符串操作与计算的内置函数的使用方法。
4. 掌握常用字符串操作与计算的对象方法。
5. 掌握字符串格式化的方法。

8.2 实验内容

1. 任意输入三个字符串，编程实现：分别计算其中最大的字符串、长度最长的字符串并输出；将长度最长的字符串逆序存储，并输出；将输入的三个字符串用"#"为分隔符进行连接，并输出。

2. 输入两个字符串 stra 和 strb，编程实现：从字符串 stra 中删除字符串 strb 中出现的字符，并输出；删除 strb 中的数字字符并将删除后的字符串，并输出。

3. 已知"stra=' 二十四节气 -24 Solar terms'",编程实现:将字符串 stra 的所有字母大写,以宽度 30、居中输出,并用"="填充;将字符串 stra 中每个单词的首字母大写,以宽度 30、左对齐输出,并用"="填充;将字符串 stra 的大小写转换,以宽度 30、右对齐输出,并用"="填充。

4. 已知"stra='Mount Qomolangma'",编程实现:将全部字母小写,并按 Unicode 码从小到大顺序输出;将全部字母大写,并按 Unicode 码从大到小顺序输出;求奇数位置的元素组成的字符串,将该字符串逆序输出。

5. 已知"stra='''On December 1, 2016, the Twenty-Four Solar Terms were listed by UNESCO as an Intangible Cultural Heritage.'''",编程实现:输出字母 a 第一次和最后一次出现的位置,如果不存在则返回 -1;将字符串 stra 按照空格分割,然后逐行输出。

6. 从键盘接收一个字符串 string 和一个字符 char,编程实现:求字符 char 在字符串 string 中出现的次数和出现的所有位置,并输出;求字符串 string 中大写字母的个数和出现的所有位置,并输出。

8.3 实验步骤

1. 实验内容第 1 题

分析:使用函数 input() 可以从键盘接收一个字符串。题目要求输入三个字符串,则可以使用 3 个 input() 函数。使用函数 max() 的默认参数可以求最大的字符串。如果要计算长度最长的字符串,需要将函数 max() 的参数 key 设置为 len。使用切片可以计算字符串的逆序,但切片并不改变原来的字符串对象,因此需要将逆序的字符串赋给一个变量进行存储。使用方法 join() 或连接操作符"+"可以实现字符串连接,需要注意的是方法 join() 的参数必须是可迭代对象,且可迭代对象的元素必须是字符串。使用函数 print() 可以输出变量,函数 print() 的参数 sep 可以设置多个输出变量的间隔方式。

根据分析,参考程序代码如下:

```
print('请输入3个字符串:')
stra, strb, strc = input(), input(), input()    # 从键盘接收三个字符串
maxs = max(stra, strb, strc)                    # 求最大的字符串
lmaxs = max(stra, strb, strc, key = len)        # 求长度最长的字符串
rlmaxs = lmaxs[::-1]              # 求长度最长的字符串的逆序并赋给变量rlmaxs
s = '#'.join([stra, strb, strc])  # 使用join方法连接字符串,也可使用连接符"+"实现
print('最大的字符串为:', maxs,\
      '长度最长的字符串为:', lmaxs,\
      '长度最长的字符串的逆序为:', rlmaxs,\
      '使用#连接3个字符串', s, sep= '\n')
```

运行程序,结果如图 1-8-1 所示。

2. 实验内容第 2 题

分析:使用函数 input() 从键盘接收字符串。使用方法 replace() 可以实现字符替换,通过将目标字符替换成空字符串,可以完成删除目标字符的目的。组合 for 循环语句和 if 条件语句,可以判断字符串中的每个字符是否需要被替换。使用函数 print() 可以输出变量,函数 print() 的参数 sep 可以设置多个输出变量的间隔方式。

根据分析,参考程序代码如下:

```
stra = input('输入字符串stra: ')
strb = input('输入字符串strb: ')
for i in stra:                              # for循环语句访问字符串中的每个元素
    if i in strb:                           # 判断stra中的元素是否在strb中
        stra = stra.replace(i, '')          # 将stra中满足条件的字符替换成空字符串
lista = ['0', '1', '2', '3', '4', '5', '6', '7', '8', '9']
                                            # 定义数字字符组成的列表
for i in strb:                              # for循环语句访问字符串中的每个元素
    if i in lista:                          # 判断stra中的元素是否是数字字符
        strb = strb.replace(i, '')          # 将strb中满足条件的字符替换成空字符串
print(stra, strb, sep = '\n')
```

运行程序，结果如图 1-8-2 所示。

```
======================== RESTART: D:\实验8\实验8.1.py
请输入3个字符串:
Beginning of Spring
Rain Water
Awakening of Insects
最大的字符串为:
Rain Water
长度最长的字符串为:
Awakening of Insects
长度最长的字符串的逆序为:
stcesnI fo gninekawA
使用#连接3个字符串
Beginning of Spring#Rain Water#Awakening of Insects
```

图 1-8-1 实验内容第 1 题运行结果

图 1-8-2 实验内容第 2 题运行结果

3. 实验内容第 3 题

分析：使用方法 upper()、title() 和 swapcase() 分别实现将字符串 stra 的所有字母大写、字符串 stra 中每个单词的首字母大写和字符串 stra 的所有字母大小写转换。字符串对象的对齐方法 center()、ljust() 和 rjust()，分别实现居中、左对齐和右对齐。对齐方法需按题目要求设置输出宽度 30 和填充字符"="。

根据分析，参考程序代码如下：

```
stra = '二十四节气-24 Solar terms'    # 定义字符串变量
strb = stra.upper()     # 将字符串stra的所有字母转换成大写，将转换后的字符串赋给strb
strc = stra.title()
strd = stra.swapcase()
print(strb.center(30, '='))
                                       # 将字符串strb以宽度30居中，使用"="填充空白
print(strc.ljust(30, '='))
print(strd.rjust(30, '='))
```

运行程序，结果如图 1-8-3 所示。

4. 实验内容第 4 题

分析：组合使用 for() 循环语句、方法 repalace() 和成员运算符删除字符串中的空格。使用方法 lower() 可以将字符串中所有元素转换为小写。函数 sorted() 默认参数实现按 Unicode 码升序排序，并返回列表。将函数 sorted() 的参数 reverse 设为 True，可实现降序排序。使用切片可获得奇数位置字

符组成的字符串。切片操作也可以实现逆序排序。

根据分析，参考程序代码如下：

```
stra = 'Mount Qomolangma'
for i in stra:
    strb = stra.replace(' ', '')     # 去掉空格，不改变字符串stra
strc = strb.lower()
strd = sorted(strc)
print("全部字母小写，并按Unicode码从小到大排序：")
for i in strd:
    print(i, end = '')
stre = strb.upper()
strf = sorted(stre, reverse = True)
print("\n全部字母大写，并按Unicode码从大到小排序：")
for i in strf:
    print(i, end = '')
strg = stra[1::2]       # 获得stra奇数位置字符组成的字符串并赋给变量strg，stra不变
strk = strg[::-1]       # 将字符串内容逆序并赋给变量strk，字符串strg不变
print("\n奇数位置的元素组成的字符串：", strk, sep = '\n')
```

运行程序，结果如图 1-8-4 所示。

```
=========================== RESTART: D:\实验8\实验8.3.py
====
=====二十四节气-24 SOLAR TERMS=====
二十四节气-24 Solar Terms==========
==========二十四节气-24 sOLAR TERMS
```

图 1-8-3　实验内容第 3 题运行结果

```
============================ RESTART: D:\实验8\实验8.4.py
====
全部字母小写，并按Unicode码从小到大排序：
aaglmmmnnoooqtu
全部字母大写，并按Unicode码从大到小排序：
UTQOOONNMMMLGAA
奇数位置的元素组成的字符串：
agaoo no
```

图 1-8-4　实验内容第 4 题运行结果

5. 实验内容第 5 题

分析：方法 find() 和 index() 都可以返回指定字符串在原字符串中首次出现的位置，区别是，如果指定字符串不存在，方法 find() 返回 -1，方法 index() 抛出异常。类似地，方法 rfind() 和 rindex() 都可以返回指定字符串在原字符串中最后出现的位置，它们的区别与 find() 和 index() 的区别相同。方法 split() 默认以空白字符为分隔符，返回包含拆分结果的列表。

根据分析，参考程序代码如下：

```
stra = ''' On December 1, 2016, the Twenty-Four Solar Terms were listed by UNESCO
        as an Intangible Cultural Heritage.'''       # 使用三个引号创建字符串
a = stra.find('a')
b = stra.rfind('a')
print("字母a第1次出现的位置：", a)
print("字母a最后1次出现的位置：", b)
t = stra.split()
for i in t:                                          # 访问列表t中每个元素
```

```
                    print(i)                                    # 参数end默认值为换行符
```

运行程序，结果如图 1-8-5 所示。

6. 实验内容第 6 题

分析：使用 for 循环访问字符串的每个索引值，并使用索引访问字符串的每个元素，通过 if 语句判断字符串的元素是否满足条件，并记录出现次数和出现位置。

根据分析，参考程序代码如下：

```
string = input()
char = input()
char_count = 0                          # 记录指定字符出现的次数
char_pos_ls = []                        # 记录指定字符出现的位置
up_count = 0                            # 记录字符串中大写字符出现的次数
up_pos_ls = []                          # 记录字符串中大写字符出现的位置
for i in range(0, len(string)):
    if string[i] == char:               # 判断字符串中的元素是否是指定字符
        char_count +=1
        char_pos_ls.append(i)           # 将索引值添加到列表
    if string[i].isupper() == True:     # 判断字符串中的元素是否是大写字母
        up_count += 1
        up_pos_ls.append(i)
print("字符{}出现的次数是{}，出现的位置是{}".format(char, char_count, char_pos_ls))
print("大写字母的个数是{}，出现的位置是{}".format(up_count, up_pos_ls))
```

运行程序，结果如图 1-8-6 所示。

图 1-8-5 实验内容第 5 题运行结果

图 1-8-6 实验内容第 6 题运行结果

8.4 实验提高

1. 编写程序，从键盘输入一个字符串，将其每个字符的 Unicode 码作为列表的元素，输出列表。

2. 编写程序，从键盘输入英文单词组成的文本，每两个单词之间以空格分隔，统计其中有多少个单词。

3. 编写程序，从键盘输入一个字符串，输出字符串中的数字字符组成的字符串。

实验 9　列表与元组

9.1　实验目的

1. 掌握列表与元组的创建和访问方法。
2. 掌握使用内置函数 sum()、len()、sorted()、type() 等对列表和元组进行操作与计算。
3. 掌握使用列表对象方法 append()、sort()、pop()、index() 等对列表进行操作与计算。
4. 掌握使用循环控制语句实现列表和元组的操作与计算。

9.2　实验内容

1. 编写程序，从键盘输入一个正整数 n，求解小于 n 的所有素数，输出包含这些素数的列表。
2. 编写程序，从键盘输入一个不重复的、由数值型数据组成的列表，求出列表中相差最小的两个数字以及它们在列表中的索引号。
3. 编写程序，从键盘输入若干数量的带有中文数字的成语，例如，输入三个带有中文数字的成语，分别是：一诺千金，三思而行，五福临门。将成语中的中文数字转换成阿拉伯数字，例如，将"一诺千金"转换为"1诺千金"。最后，输出结果。
4. 在某次比赛中，由 10 位评委老师给选手打分，选手最终成绩的计算方法为：去掉一个最低分和一个最高分，计算剩余打分的平均值。编写程序，从键盘输入 10 个打分，将去掉一个最低分和一个最高分后的有效成绩保存在元组中，输出该元组和选手的最终成绩。
5. 编写程序，从键盘输入一个正整数列表 lista 和正整数 n，求 lista 中累加和为 n 的三个正整数的所有组合。例如，输入 lista:[2, 7, 11, 15, 1, 8, 3, 4, 9]，n:17，则 (2, 11, 4) 和 (2, 7, 8) 是满足条件的两组数据。将满足条件的整数组合放在元组中，然后将元组存储在列表中，最终将列表输出。
6. 已知元组 tup= ('r', 2, 's', 'm', 5, 3, 'Q')，编写程序，提取其中的整型类型和字符串类型的元素，并把提取后的内容分别存入两个新的元组中并输出。

9.3　实验步骤

1. 实验内容第 1 题

分析：使用两层 for 循环，第一层 for 循环用于取给定范围的每个整数，第二层循环用于判断第一层循环取定的整数是否是素数，即是否有因数。如果有因数，则不是素数，此时，使用 break 语句，跳出内层循环，继续判断下一个整数是否是素数；如果没有因数，则是素数，将该整数添加到存储素数的列表中。

根据分析，参考程序代码如下：

```
n = int(input('输入一个正整数:'))
primes = list()                              # 创建空列表，用于存储素数
for i in range(2, n):
    for j in range(2, int(i ** 0.5) + 1):
        if i % j == 0:                       # 判断j是否是i的因数
            break
    else:
        primes.append(i)
```

```
print(primes)
```

运行两次程序,分别输入 100 和 300,结果如图 1-9-1 所示。

```
======================== RESTART: D:\实验9\实验9.1.py ========================
====
输入一个正整数:100
[2, 3, 5, 7, 11, 13, 17, 19, 23, 29, 31, 37, 41, 43, 47, 53, 59, 61, 67, 71, 73,
 79, 83, 89, 97]
======================== RESTART: D:\实验9\实验9.1.py ========================
====
输入一个正整数:300
[2, 3, 5, 7, 11, 13, 17, 19, 23, 29, 31, 37, 41, 43, 47, 53, 59, 61, 67, 71, 73,
 79, 83, 89, 97, 101, 103, 107, 109, 113, 127, 131, 137, 139, 149, 151, 157, 163
, 167, 173, 179, 181, 191, 193, 197, 199, 211, 223, 227, 229, 233, 239, 241, 251
, 257, 263, 269, 271, 277, 281, 283, 293]
```

图 1-9-1 实验内容第 1 题运行结果

2. 实验内容第 2 题

分析:从键盘使用方括号输入列表后,将列表降序排序。使用 numa 和 numb 用于记录相差最小的两个数字,开始时,这两个变量分别等于排序后列表的第一个和第二个元素,并计算它们的差值 diff。通过 for 循环依次将列表中其它相邻两个元素的差值与 diff 比较,如果有更小的差值,则更新 diff、numa 和 numb。循环结束后,numa 和 numb 即为列表中相差最小的两个数字,使用列表的方法 index() 可以返回这两个数字在原列表中的索引号。

根据分析,参考程序代码如下:

```python
lista = eval(input('输入一个列表:'))
listb = sorted(lista, reverse = True)    # 将原列表从大到小排序,获得新列表
numa = listb[0]
numb = listb[1]
diff = numa - numb                        # 前两个数的差值
indexa = 0
indexb = 0
for i in range(1, len(listb) - 1):        # 从第二个数开始计算差值
    if listb[i] - listb[i+1] < diff:      # 差值小于diff的值时,更新最小差值、numa和numb
        diff = listb[i] - listb[i + 1]
        numa = listb[i]
        numb = listb[i + 1]
indexa = lista.index(numa)                # 求最小差值之一的数据在原列表中的索引
indexb = lista.index(numb)                # 求最小差值另一个数据在原列表中的索引
print(f'差值最小的两个数为:{numa},{numb}')
print(f'它们在列表中的索引号为:{indexa},{indexb}')
```

运行程序,结果如图 1-9-2 所示。

3. 实验内容第 3 题

分析:利用 while 循环语句,从键盘输入一定数量的成语并放在列表中。通过嵌套的 for 循环语句可以访问列表中的每个成语的每个字符,利用方法 replace() 可以将中文汉字替换成阿拉伯数字。

因为方法 replace() 返回的是新字符串，没有改变原来的字符串，因此，需要将转换后的成语添加到新的列表中。最后，使用 print() 函数输出转换后的成语所在的列表。

根据分析，参考程序代码如下：

```
num = int(input('将输入的成语数量是：'))
cList = []                                         # 存放输入的成语
nList=[]                                           # 存放转换成数字的成语
while num:
    cYu = input('请输入带中文数字的成语：')
    cList.append(cYu)
    num = num-1
for i in cList:
    for j in i:
        if j == '一':
            nList.append(i.replace(j, '1'))        # replace()方法返回新的字符串
        elif j == '二':
            nList.append(i.replace(j, '2'))
        elif j == '三':
            nList.append(i.replace(j, '3'))
        elif j == '四':
            nList.append(i.replace(j, '4'))
        elif j == '五':
            nList.append(i.replace(j, '5'))
        elif j == '六':
            nList.append(i.replace(j, '6'))
        elif j == '七':
            nList.append(i.replace(j, '7'))
        elif j == '八':
            nList.append(i.replace(j, '8'))
        elif j == '九':
            nList.append(i.replace(j, '9'))
print(nList)
```

运行程序，结果如图 1-9-3 所示。

```
======================== RESTART: D:\实验9\实验9.2.py
==
入一个列表：[2,7,23,45,67,73,75,88]
值最小的两个数为：75，73
们在列表中的索引号为：6，5
```

图 1-9-2　实验内容第 2 题运行结果

```
========================== RESTART: D:\实验9\实验9.3.py
====
将输入的成语数量是：3
请输入带中文数字的成语：一诺千金
请输入带中文数字的成语：三思而行
请输入带中文数字的成语：五福临门
['1诺千金', '3思而行', '5福临门']
```

图 1-9-3　实验内容第 3 题运行结果

4. 实验内容第 4 题

分析：通过 while 循环可以输入 10 个评委打分，将评委打分存放在列表里。使用列表的方法 sort() 可以对列表进行从小到大排序；使用列表的方法 pop() 可以去掉最低分和最高分。函数 tuple()

可以将列表转换成元组，结合函数 sum() 和 len() 可以计算平均成绩，即选手的最终成绩。

根据分析，参考程序代码如下：

```python
print('输入评委打分：')
scores = []
n = 10
while n:
    score = int(input())
    scores.append(score)
    n = n - 1
scores.sort()                                   # 按从小到大排序
scores.pop(0)                                   # 去掉最低分
scores.pop()                                    # 去掉最高分
tscores = tuple(scores)
fscore = sum(tscores) / len(tscores)            # 求平均成绩
print(f'选手的有效成绩是：{tscores}')
print(f'选手的最终成绩是：{fscore}')
```

运行程序，结果如图 1-9-4 所示。

5. 实验内容第 5 题

分析：结合使用函数 eval() 和 input() 可以从键盘输入正整数列表。利用三层循环可以获得列表中三个元素的组合，将满足条件的三个元素放在圆括号内可以创建元组，使用列表的方法 append() 可以将元组添加到列表中。

根据分析，参考程序代码如下：

```
========================= RESTART: D:\实验9\实验9.4.py
====
输入评委打分：
67
76
87
69
89
93
77
87
34
90
选手的有效成绩是：(67, 69, 76, 77, 87, 87, 89, 90)
选手的最终成绩是：80.25
```

图 1-9-4 实验内容第 4 题运行结果

```python
lista = eval(input("输入一个列表："))
n = int(input('输入一个整数：'))
listb = []
lista_len = len(lista)
for i in range(lista_len):
    for j in range(i+1, lista_len):
        for k in range(j+1, lista_len):
            if lista[i] + lista[j] + lista[k] == n:
                tup = (lista[i], lista[j], lista[k])
                listb.append(tup)
print(listb)
```

运行程序，结果如图 1-9-5 所示。

6. 实验内容第 6 题

分析：使用 for 循环可以依次访问元组中的每个元素。使用内置函数 type() 返回元素的数据类型，将其与 int 比较，可以筛选元组中的整型元素。元组是不可变的数据类型，因此，可以将整型元素和字符串元素分别放在两个列表中，然后使用函数 tuple() 将列表转换成元组，最后输出。

根据分析，参考程序代码如下：

```
tup = ('r', 2, 's', 'm', 5, 3, 'Q')
lst_digit = []
lst_letter = []
for i in range(len(tup)):
    if type(tup[i]) == int:
        lst_digit.append(tup[i])
    else:
        lst_letter.append(tup[i])
print(tuple(lst_digit))
print(tuple(lst_letter))
```

运行程序，结果如图 1-9-6 所示。

```
============================ RESTART: D:\实验9\实验9.5.py
====
输入一个列表:[2, 7, 11, 15, 1, 8, 3, 4, 9]
输入一个整数:17
[(2, 7, 8), (2, 11, 4), (7, 1, 9)]
```

图 1-9-5　实验内容第 5 题运行结果

图 1-9-6　实验内容第 6 题运行结果

9.4　实验提高

1. 在数学知识中，完全数又称为完美数或完备数，它所有的真因数（即除了自身以外的约数）的和，恰好等于它本身。例如，6 的因数是 1, 2, 3，且 6=1+2+3，则 6 是一个完全数。编写程序，求解 1 000 以内的完全数，并把结果写入一个列表中。

2. 编写程序，求出矩阵中的鞍点。所谓鞍点，即对于 m 行 n 列的矩阵 A 中的某个元素 a_{ij} 既是第 i 行的最大值又是第 j 列的最小值，则称此元素是该矩阵的一个鞍点。例如，对于矩阵：

$$\begin{bmatrix} 5 & 3 & 5 \\ 6 & 7 & 8 \\ 3 & 5 & 9 \end{bmatrix}$$

其鞍点是 A[0][2]=5。

实验 10　字典与集合

10.1　实验目的

1. 掌握字典与集合的创建和访问方法。
2. 掌握字典对象方法 fromkeys()、get()、setdefault() 等的使用技巧。
3. 掌握集合运算的运算符和对象方法的使用技巧。
4. 掌握使用循环控制语句实现字典和集合的操作与计算。

10.2　实验内容

1. 国家统计局网站的相关数据显示，我国 2014—2023 年的国内生产总值（Gross Domestic

Product, GDP）分别为（单位：万亿元）：64.59，68.91，74.36，82.08，91.93，98.65，101.36，114.92，120.47，129.43。编程实现：创建一个键为年份（2014—2023），默认的值为50（单位：万亿元）的字典，从键盘输入 2014—2023 年的 GDP 并更新字典的值，计算这十年的平均 GDP，最后输出更新的字典和平均 GDP。

2. 已知列表 lista=['sNum', 'sName', 'score']，listb=['202443235605', ' 张三 ', 98]，编写程序，从键盘输入列表 lista 和 listb，以列表 lista 中的元素作为键，以列表 listb 中的元素作为值，创建一个字典并输出显示。

3. 某课程考试的学生姓名和成绩见表 1-10-1。编程实现：使用字典存储学生姓名和成绩，统计成绩为优（[90, 100]）、良（[80, 90]）、中（[70, 80]）、及格（[60, 70]）和不及格（[0, 60]）的人数和名单。

表 1-10-1　考试成绩

姓名	宋一	许一	王一	冯一	林一	陈一	张一	叶一	刘一	吴一
成绩	90	82	55	67	78	89	96	83	87	75

4. 某小学生在学习英文字母时，经常会忘记一些字母。为帮助该学生提高学习成绩，编写程序，从键盘以集合的形式输入学生默写的英文字母，如果没有默写出全部 26 个字母，屏幕提示：再试一次！，直到默写出所有字母，此时，屏幕提示：你真棒！，并以字典的形式输出在历次默写中漏写的字母及漏写的次数。

5. 重温峥嵘岁月，感悟伟大精神书写的不朽奇迹。某中学 A 和某中学 B 的学生利用假期寻访了多处红色根脉打卡地。统计结果如下，中学 A 寻访地：杭州"五四宪法"历史资料陈列馆、南湖革命纪念馆、绍兴鲁迅故里、绍兴周恩来纪念馆、浙东新四军后勤基地纪念馆；中学 B 寻访地：南湖革命纪念馆、建德市寿昌镇航空小镇、山洋革命根据地纪念园、南浔文园、华岗纪念馆。编程实现，求中学 A 和中学 B 共同寻访的地点。

6. 编写程序，创建两个集合 setA 和 setB，集合的元素是 [0, 50] 范围内的 20 个随机整数。输出 setA 和 setB，计算并输出这两个集合的交集、并集、差集和对称差集。

10.3　实验步骤

1. 实验内容第 1 题

分析：使用字典的方法 fromkeys() 可以创建统一默认的值的字典。使用 for 循环语句，可以输入多个年份的 GDP，结合以键为下标可以访问并修改字典的值。

根据分析，参考程序代码如下：

```
dicta = dict.fromkeys(range(2014, 2023), 50)
print(f'初始字典（值的单位为：万亿元）为：{dicta}')
for i in range(2014, 2023):
    GDP = eval(input(f'输入{i}年的GDP：'))
    dicta[i] = GDP
print(f'更新的字典（值的单位为：万亿元）为：{dicta}')
sumGDP = 0
for k in dicta:
    sumGDP = sumGDP + dicta[k]
```

```
avgGDP = sumGDP/10
print(f'平均GDP（单位为：万亿元）为：{avgGDP}')
```

运行程序，结果如图 1-10-1 所示。

图 1-10-1　实验内容第 1 题运行结果

2. 实验内容第 2 题

分析：使用函数 eval() 和 input() 可以从键盘输入列表。结合函数 dict() 和函数 zip() 可以创建字典。根据分析，参考程序代码如下：

```
lista = eval(input('输入列表lista: '))
listb = eval(input('输入列表listb: '))
dicta = dict(zip(lista, listb))
print(dicta)
```

运行程序，结果如图 1-10-2 所示。

3. 实验内容第 3 题

分析：使用 for 循环语句可以访问字典的每个键，结合以键为下标，可以访问字典的每个值。使用

图 1-10-2　实验内容第 2 题运行结果

if...elif... 条件控制语句可以根据字典的值判断学生的成绩等级并进行统计，学生的名单可以存放在列表里。

根据分析，参考程序代码如下：

```
sDict = {'宋一':90, '许一':82, '王一':55, '冯一':67, '林一':78, '陈一':89, '张一':96,
    '叶一':83, '刘一':87, '吴一':75}
yCount = 0                          # 统计成绩为优的学生个数
yList = []                          # 存放成绩为优的学生姓名
lCount = 0                          # 统计成绩为良的学生个数
lList = []                          # 存放成绩为良的学生姓名
zCount = 0                          # 统计成绩为中的学生个数
zList = []                          # 存放成绩为中的学生姓名
jCount = 0                          # 统计成绩为及格的学生个数
jList = []                          # 存放成绩为及格的学生姓名
bCount = 0                          # 统计成绩为不及格的学生个数
bList = []                          # 存放成绩为不及格的学生姓名
```

```
for i in sDict:
    if sDict[i] >= 90:
        yCount = yCount + 1
        yList.append(i)
    elif sDict[i] >= 80:
        lCount = lCount + 1
        lList.append(i)
    elif sDict[i] >= 70:
        zCount = zCount + 1
        zList.append(i)
    elif sDict[i] >= 60:
        jCount = jCount + 1
        jList.append(i)
    else:
        bCount = bCount + 1
        bList.append(i)
print(f'成绩为优的学生个数是{yCount}，名单是{yList}')
print(f'成绩为良的学生个数是{lCount}，名单是{lList}')
print(f'成绩为中的学生个数是{zCount}，名单是{zList}')
print(f'成绩为及格的学生个数是{jCount}，名单是{jList}')
print(f'成绩为不及格的学生个数是{bCount}，名单是{bList}')
```

运行程序，结果如图 1-10-3 所示。

```
========================== RESTART: D:\实验10\实验10.3.py ====
====
成绩为优的学生个数是2，名单是['宋一', '张一']
成绩为良的学生个数是4，名单是['许一', '陈一', '叶一', '刘一']
成绩为中的学生个数是2，名单是['林一', '吴一']
成绩为及格的学生个数是1，名单是['冯一']
成绩为不及格的学生个数是1，名单是['王一']
```

图 1-10-3　实验内容第 3 题运行结果

4. 实验内容第 4 题

分析： 创建一个由 26 个英文字母组成的集合 letters，将默写的字母通过键盘输入并存储在集合 test 中，通过集合的差集运算可以计算 letters 与 test 的差集 supset，即没有默写出的字母的集合。supset 的长度为 0，则说明默写出了全部字母，否则，说明有没有默写出的字母。对于要求以字典的形式输出漏写的字母和漏写的次数，可以创建一个字典 diff，使用漏写的字母作为字典的键，漏写的次数作为相应的值。那么，在 supset 的长度不为 0 的情况下，需要判断 supset 中的字母是否是 diff 的键，如果是，则相应的值加 1，如果不是，则增加字典的元素，即以该字母为键，值设置为 1。

根据分析，参考程序代码如下：

```
letters = {chr(i) for i in range(ord('a'), ord('z') + 1)} # 使用集合推导式创建集合
flag = 1                                    # 循环条件
diff = {}                                   # 创建字典，存储漏写的字母和次数
while flag:
    test = eval(input('默写英文字母：'))
    supset = letters - test                 # 计算差补集，即没有默写出的字母的集合
    if len(supset) == 0:
        flag = 0
        print('你真棒！')
```

```
        else:
            for i in supset:
                if diff.get(i, 'None') == 'None':# 字典中不存在键i时，方法get()返回None
                    diff.setdefault(i, 1)        # 添加新元素，键为i，值为1
                else:
                    diff[i] = diff[i] + 1        # 如果diff中已有i，则值加1
            flag = 1
            print('再试一次！')
print('漏写的字母和漏写的次数如下：', diff)
```

运行程序，结果如图 1-10-4 所示。

```
========================= RESTART: D:\实验10\实验10.4.py =========================
默写英文字母：{'a','b','c','d','e','f','g','h','i','j','k','l','m','n','o','p',
'q','r','s','t','u','v'}
再试一次！
默写英文字母：{'a','b','c','d','e','f','g','h','i','j','k','l','m','n','o','p',
'q','r','s','t','u','v','w','z'}
再试一次！
默写英文字母：{'a','b','c','d','e','f','g','h','i','j','k','l','m','n','o','p',
'q','r','s','t','u','v','w','x','y','z'}
你真棒！
漏写的字母和漏写的次数如下：{'y': 2, 'x': 2, 'z': 1, 'w': 1}
```

图 1-10-4　实验内容第 4 题运行结果

5. 实验内容第 5 题

分析：将中学 A 和中学 B 的寻访地点分别存储在集合 setA 和 setB 中。通过集合的交集运算即可计算出共同寻访地的集合 comm。通过 for 循环语句访问集合 comm 中的每个元素，并使用 print() 函数输出。

根据分析，参考程序代码如下：

```
setA = {'杭州"五四宪法"历史资料陈列馆', '南湖革命纪念馆', '绍兴鲁迅故里', \
        '绍兴周恩来纪念馆', '浙东新四军后勤基地纪念馆'}
setB = {'南湖革命纪念馆', '建德市寿昌镇航空小镇', '山洋革命根据地纪念园', \
        '南浔文园', '华岗纪念馆'}
comm = setA & setB
print('共同寻访地有：')
for i in comm:
    print(i)
```

运行程序，结果如图 1-10-5 所示。

```
========================= RESTART: D:\实验10\实验10.5.py =========================
共同寻访地有：
南湖革命纪念馆
```

图 1-10-5　实验内容第 5 题运行结果

6. 实验内容第 6 题

分析：使用 random 模块的 randint() 函数可以生成指定范围内的整数。生成的整数有可能是重复的，而集合的元素是不能重复的，将生成的整数添加到集合时，会自动去掉重复的元素，因此可以通过判断集合的长度是否是 20 来决定是否继续生成随机整数。如果集合的长度不是 20，则需要再次生成随机整数，该过程可以作为 while 循环语句的循环体，一旦集合的长度等于 20，可以停止循环。集合运算可以使用集合运算符，也可以使用集合对象的方法。

根据分析，参考程序代码如下：

```python
import random
setA = set()                              # 使用set()函数创建空集合
setB = set()
while True:                               # 生成20个不同的随机整数
    a = random.randint(0, 51)
    setA.add(a)
    if len(setA) == 20:
        break
while True:                               # 生成20个不同的随机整数
    b = random.randint(0, 51)
    setB.add(b)
    if len(setB) == 20:
        break
print(f'setA:{setA}', f'setB:{setB}', sep = '\n')      # 输出集合setA和setB
interSet = setA & setB                    # 求交集，也可以使用intersection()方法
mergeSet = setA | setB                    # 求并集，也可以使用union()方法
diffSet = setA - setB                     # 求差集，也可以使用difference()方法
sdiffSet = setA ^ setB                    # 求对称差集，也可以使用symmetric_difference()方法
print(f'setA与setB的交集是：{interSet}')
print(f'setA与setB的并集是：{mergeSet}')
print(f'setA与setB的差集是：{diffSet}')
print(f'setA与setB的对称差集是：{sdiffSet}')
```

运行程序，结果如图 1-10-6 所示，每次运行的结果可能不同。

```
========================= RESTART: D:\实验10\实验10.6.py =========================
====
setA:{0, 1, 5, 12, 14, 16, 17, 19, 23, 27, 30, 32, 34, 37, 38, 39, 43, 44, 45, 4
9}
setB:{1, 11, 12, 14, 15, 18, 19, 23, 24, 26, 28, 32, 34, 35, 38, 42, 43, 46, 47,
 50}
setA与setB的交集是：{32, 1, 34, 38, 43, 12, 14, 19, 23}
setA与setB的并集是：{0, 1, 5, 11, 12, 14, 15, 16, 17, 18, 19, 23, 24, 26, 27, 28
, 30, 32, 34, 35, 37, 38, 39, 42, 43, 44, 45, 46, 47, 49, 50}
setA与setB的差集是：{0, 5, 37, 39, 44, 45, 16, 17, 49, 27, 30}
setA与setB的对称差集是：{0, 5, 11, 15, 16, 17, 18, 24, 26, 27, 28, 30, 35, 37, 3
9, 42, 44, 45, 46, 47, 49, 50}
```

图 1-10-6　实验内容第 6 题运行结果

10.4　实验提高

1. 表 1-10-2 是一批书的销售价格，编写程序，创建字典，求出书的最低价格。

表 1-10-2　图书销售价格

书名（name）	价格（price）	书名（name）	价格（price）
Python 程序设计	59.8	自然语言处理	87
人工智能导论	49	5G 系统设计	92
PyTorch 深度学习实战	79.5	强化学习	89

2. 编写程序,模拟生成若干用户名字及其喜欢的若干歌曲,并根据某用户喜欢的歌曲,向该用户推荐歌曲。推荐歌曲的规则是:查找与该用户歌曲喜好最相近的其他用户,然后将那个用户喜欢的歌曲推荐给该用户。

实验 11　函数定义与调用

11.1　实验目的

1. 掌握函数的定义方法。
2. 掌握函数常用的调用方法。
3. 理解函数形参、实参的概念和形参类型。
4. 理解全局变量、局部变量的概念并掌握其使用方法。

11.2　实验内容

1. 输入以下程序代码后保存为 star.py 文件并运行,分析函数调用方法及输出结果。

```
from turtle import Turtle            # 导入turtle模块中的turtle类
def star():
    p = Turtle()                     # 把Turtle()赋值给对象p
    p.speed(3)                       # 设置画笔速度
    p.pensize(5)                     # 设置笔尖粗细,单位为像素
    p.color("black", 'red')          # 设置画笔颜色和填充颜色
    for i in range(5):               # 绘制五条线段
        p.forward(200)               # 设置笔尖向前方移动的距离,单位为像素
        p.right(144)                 # 设置笔尖向右转的角度
star()
```

2. 中国的四大传统节日有春节、清明节、端午节和中秋节。四大节日的美食分别是饺子、青团、粽子和月饼。编写一个有参函数 festivals(x),要求键盘输入四大节日中的一个节日,其结果输出该节日对应的美食。

3. 编写函数 max_num(x, y),要求键盘输入三个整数,求出其最大值并输出。

4. 写出下面程序代码的运行结果,并分析原因。

```
def default_value(a = 18, b = -5, c = 4):   # 默认值参数
    k = a + b - c
    return k
result1 = default_value(13, 7)              # 表达式调用
print(result1)
result2 = default_value(20, 15, -8)         # 表达式调用
print(result2)
```

5. 编写函数 gys(m, n),求正整数 m 和 n 的最大公约数。

6. 成年人体重 BMI 指数计算方法是体重(kg)/身高^2(m^2)。BMI 指数过高或过低,都应及时调整,保持机体的正常生理平衡。根据以下 BMI 范围指标:

（1）正常 BMI 范围：18.5 kg/m² ≤ BMI < 24 kg/m²，符合我国正常人的体重范围，BMI 正常的应保持当前的饮食习惯和生活习惯。

（2）肥胖 BMI 指数：BMI 等于或超过 24，需调整饮食结构，积极参加有氧活动，使 BMI 达到正常范围。

（3）体重低下 BMI 指数：BMI 低于 18.5，需调整饮食结构，增加蛋白质等其他营养物质的摄入，积极参加体育锻炼，增加体重，维持在正常范围内。

编写函数 B_M_I(w, t)，w 表示体重(kg)，t 表示身高(m)，并调用该函数判断体重 65 kg、身高 1.60 m、体重 55 kg、身高 1.55 m 和体重 50 kg、身高 1.65 m 的人其 BMI 是否在正常范围中。

7. 输入以下程序代码保存为 local_to_global.py 文件，运行该程序并分析输出的结果。

```
a, b, c, d = 3, 2, 9, 4
def local_to_global():
    global a, b, c
    a = -5
    b = -1
    c = -7
    print(f"a={a}, b={b}, c={c}, d={d}")
print(f"a={a}, b={b}, c={c}")          # 第一次输出
local_to_global()                       # 第二次输出
print(f"a={a}, b={b}, c={c}")          # 第三次输出
```

11.3 实验步骤

1. 实验内容第 1 题

分析：打开 Python 运行环境 IDLE，按格式输入所有代码后保存为 star.dy，然后按【F5】键运行程序，其输出的结果如图 1-11-1 所示。

图 1-11-1 实验内容第 1 题运行结果

2. 实验内容第 2 题

分析：定义函数 festivals(x)，在函数中定义一个字典 dicta，用于存储四大节日及其各个节日对应的美食，dicta={"春节":"饺子","清明节":"青团","端午节":"粽子","中秋节":"月饼"}，定义变量 n 用于存储要输入的传统节日。再通过循环结构对字典键值进行查找，找到则输出该节日对应的美食。

根据分析，参考代码如下：

```
def festivals(x):
    dicta = {"春节":"饺子","清明节":"青团","端午节":"粽子:,"中秋节":"月饼"}
    for i in dicta:
        if n == i:
            a = dicta[n]
            return a
n = input("请输入一个中国的四大传统节日:")
m = festivals(n)
print(f"{n}的美食是:{m}")
```

运行程序，共运行四次。四次分别输入春节、中秋节、端午节和清明节。运行结果如图 1-11-2 所示。

```
============ RESTART: D:/实验11/实验11.2.py
请输入一个中国的四大传统节日:春节
春节的美食是:饺子
============ RESTART: D:/实验11/实验11.2.py
请输入一个中国的四大传统节日:中秋节
中秋节的美食是:月饼
============ RESTART: D:/实验11/实验11.2.py
请输入一个中国的四大传统节日:端午节
端午节的美食是:粽子
============ RESTART: D:/实验11/实验11.2.py
请输入一个中国的四大传统节日:清明节
清明节的美食是:青团
```

图 1-11-2　实验内容第 2 题运行结果

3. 实验内容第 3 题

分析：定义一个有参函数 max_num(x, y)。当 x>y 时返回 x，否则返回 y。再定义三个变量 m、n 和 k 分别用来保存从键盘输入的三个数值，利用多层函数参数调用求出最大值。

根据分析，参考代码如下：

```python
def max_num(x, y):
    if x > y:
        return x
    else:
        return y
m, n, k = eval(input("请输入三个整数:"))
print(max_num(m, max_num(n, k)))    # 函数作为函数的参数调用
```

运行程序，共运行三次。第一次输入 3, 5, -3；第二次输入 18, 24, 32；第三次输入 -3, -10, -7。运行结果如图 1-11-3 所示。

4. 实验内容第 4 题

分析：函数 default_value(a =18, b = -5, c = 4) 使用默认参数类型。默认参数在函数调用时，如果没有给默认参数赋新值，则使用默认值；如果实参给默认值参数传递了新的值，则新值覆盖默认值。语句 result1=default_value(13, 7) 中，default_value(13, 7) 只有两个参数，按参数顺序对应，这里变量 c 没有赋值，因此在调用时使用默认值 c=4，其结果是 13+7-4=16；语句 result1=default_value(20, 15, -8) 中，default_value(20, 15, -8) 有三个参数，此时三个实参分别覆盖三个默认值参数，其结果是 20+15-(-8)=43。

5. 实验内容第 5 题

分析：定义四个变量 m、n、a 和 b，分别用来保存从键盘输入的两个正整数及两个正整数中的最大值和最小值。最大公约数是一个数学问题，可以使用辗转相除法。

使用辗转相除法求最大公约数的步骤如下：用较大数除以较小数，再用出现的余数（第一余数）去除除数，然后再用出现的余数（第二余数）去除第一余数，如此反复，直到最后余数是 0 为止。这个最后的除数就是这两个数的最大公约数。如果输入的两个数据不全是正整数，则返回 -1，表示输入的数据不正确。

例如，计算 30 和 45 的最大公约数，按照辗转相除法，步骤如下：①先比较两个数的大小；

②用较大数 45 除以较小数 30，得商 1 余 15；③用上一步的余数 15 除以刚才的除数 30，得商 0 余 15；④用上一步的余数 15 除以刚才的除数 15，得商 1 余 0。此时余数为零，所以最大公约数为 15。

根据分析，参考代码如下：

```
def gys(x, y):
    if x > 0 and y > 0:
        a, b = max(x, y), min(x, y)
        while b:
            a, b = b, a % b
        return a
    else:
        return -1                    # 返回-1表示输入的数据不正确
m, n = eval(input("请输入两个正整数:"))
s = gys(m, n)                        # 函数表达式调用
print(s)
```

运行程序，共运行三次。第一次输入 4, 20；第二次输入 4, -8；第三次输入 -5, -10。运行结果如图 1-11-4 所示。

图 1-11-3 实验内容第 3 题运行结果　　　　　　图 1-11-4 实验内容第 5 题运行结果

6. 实验内容第 6 题

分析： 定义有参函数 B_M_I(w, t)，w 表示体重（单位：kg），t 表示身高（单位：m）。根据 BMI 的公式 BMI=w/t² 计算出 BMI 的值。若 BMI≥23.9，则显示"超重，请注意饮食习惯和生活习惯"；若 BMI<18.5，则显示"偏瘦，请增加蛋白质等营养的摄入"；否则显示"健康，请保持饮食习惯和生活习惯"。

根据分析，参考代码如下：

```
overweight = "超重，请注意饮食习惯和生活习惯"
thin = "偏瘦，请增加蛋白质等营养的摄入"
health = "健康，请保持饮食习惯和生活习惯"
def B_M_I(w, t):
    BMI = round(w / (t ** 2), 1)
    if BMI > 23.9:
        return overweight
    elif BMI < 18.5:
        return thin
    else:
        return health
```

```
weight, height = eval(input("请输入体重和身高的值:"))
print(B_M_I(weight, height))
```

运行程序，共运行三次。第一次输入 w 和 t 的值分别为 65, 1.60；第二次输入 w 和 t 的值分别为 55, 1.55；第三次输入 w 和 t 的值分别为 50, 1.65。三次的运行结果如图 1-11-5 所示。

7. 实验内容第 7 题

分析：第一次打印的变量 a, b, c 是全局变量的 a, b, c，因此是 a=3, b=2, c=9；第二次打印的 a, b, c 是 global 声明后的 a, b, c，因此 a, b, c 的值发生了改变，d 是全局变量，因此是 a=-5, b=-1, c=-7, d=4；第三次打印 a, b, c 也是 global 声明后的 a, b, c，因此是 a=-5, b=-1, c=-7。运行程序，运行结果如图 1-11-6 所示。

图 1-11-5　实验内容第 6 题运行结果

图 1-11-6　实验内容第 7 题运行结果

11.4　实验提高

编写函数 prime_num(x, y)，x 和 y 表示输出素数的范围，其中 x 小于 y，编程实现输出 100～500 之间的素数，各数之间用两个空格间隔。

实验 12　函数嵌套与递归

12.1　实验目的

1. 掌握函数嵌套的定义和调用方法。
2. 掌握函数递归的定义和调用方法。

12.2　实验内容

1. 中国戏曲作为中国传统艺术的重要组成部分，最具有代表性的五种戏曲分别是京剧、评剧、越剧、豫剧和黄梅戏。京剧起源于北京；评剧起源于河北滦县；越剧起源于浙江嵊州；豫剧起源于明朝中叶的河南开封；黄梅戏起源于明末清初的安徽安庆。编写嵌套函数 f1()，要求 f1() 嵌套调用 f2()，f1() 实现输入五种戏曲中的一个，f2() 实现输出该戏曲的起源地。要求函数 f1() 嵌套定义无参函数 f1()。

2. 使用函数嵌套调用的方式，实现计算公式 sum0=1!+2!+3!+…+n! 的值，n 从键盘输入。

3. 编写函数 factorial_sum(x)，使用递归的方式实现阶乘的累加和：sum0=1!+2!+3!+…+n!，n 从键盘输入。

4. 编写函数 add_sum(x)，使用递归的方式计算公式 s=1+(1+2)+(1+2+3)+(1+2+3+4)+…+(1+2+3+4+…+n) 的值，n 由键盘输入。

5. 编写函数 str_reverse(xstr)，使用递归的方法实现字符串 ystr=" 静烟临碧树，残雪背晴楼 " 和字符串 ystr=" 春晚落花余碧草，夜凉低月半梧桐 " 的反转，并输出结果。

> **小贴士：**
> 两句诗句分别出自陆龟蒙的《冬寒》和苏轼的《题织锦图回文》，请自行查阅资料学习。

12.3 实验步骤

1. 实验内容第 1 题

分析： 函数的嵌套定义是在一个函数定义里面还定义了其他函数，这两个函数分别称之为外函数和内函数。定义两个函数 f1() 和 f2()，函数 f1() 是外函数，函数 f2() 是内函数。函数 f1() 中定义字典 dicta={" 京剧 ":" 北京 "," 评剧 ":" 河北滦县 "," 越剧 ":" 浙江嵊州 "," 豫剧 ":" 河南开封 "," 黄梅戏 ":" 安徽安庆 "}，定义变量 n 用于存储要输入的戏曲名。函数 f2() 通过循环结构对字典键值进行查找，找到则输出该戏曲对应的发源地。

根据分析，参考代码如下：

```python
def f1():
    dicta = {"京剧":"北京", "评剧":"河北滦县", "越剧":"浙江嵊州", "豫剧":"河南开封", "黄梅戏":"安徽安庆"}
    n = input("请输入一个中国的戏曲名:")
    def f2():
        for i in dicta:
            if n == i:
                print(f"{n}的发源地:", dicta[n])
    f2()
f1()
```

运行程序，共运行三次，分别输入京剧、豫剧和评剧。运行结果如图 1-12-1 所示。

2. 实验内容第 2 题

分析： 函数的嵌套调用是指被调用函数的函数体中调用了其他函数。先定义一个有参函数 fact(t)，用于计算阶乘，函数中定义变量 f，用于存储阶乘的结果值，并赋初始值为 1。函数体通过 for 循环结构实现阶乘计算，最后通过 return 语句返回阶乘的结果值 f。再定义一个函数 fact_sum(x)，用于调用函数 fact(t)，函数中定义变量 sum0，用于存储阶乘连加的和值，函数体通过一个 for 循环，实现累加每一项阶乘的值。函数外定义变 n，用于存储键盘输入的值，最后输出阶乘累加的结果值。

根据分析，参考代码如下：

```python
def fact(t):                    # 定义函数fact()，用于计算阶乘
    f = 1
    for i in range (1, t + 1):
        f *= i
    return f
def fact_sum(x):                # 定义函数fact_sum()，用于实现阶乘的累加
    sum0 = 0
```

```
        for i in range(1, x + 1):
            sum0 = sum0 + fact(i)
        return sum0
    n = eval(input("请输入一个正整数:"))
    print(fact_sum(n))
```

运行程序,共运行两次,分别输入 n 的值为 5 和 10。运行结果如图 1-12-2 所示。

```
=================== RESTART: D:/实验12/实验12.1.py
请输入一个中国的戏曲名:京剧
京剧的发源地:北京
=================== RESTART: D:/实验12/实验12.1.py
请输入一个中国的戏曲名:豫剧
豫剧的发源地:河南开封
=================== RESTART: D:/实验12/实验12.1.py
请输入一个中国的戏曲名:评剧
评剧的发源地:河北滦县
```

图 1-12-1 实验内容第 1 题运行结果

```
=================== RESTART: D:/实验12/实验12.2.py
请输入一个正整数:5
153
=================== RESTART: D:/实验12/实验12.2.py
请输入一个正整数:10
4037913
```

图 1-12-2 实验内容第 2 题运行结果

3. 实验内容第 3 题

分析: 递归是在调用一个函数的过程中出现直接或间接地调用函数本身。构成递归的条件有两点。一是递归中的子问题与原问题属于相同的问题,其性质一样,只是子问题的规模越来越小;二是递归调用必须有终止条件,不能无休止地调用函数本身。

阶乘的计算满足递归的条件。计算 $n!$ 需要先计算出 $(n-1)!$;而计算 $(n-1)!$,又需要先计算 $(n-2)!$;计算 $(n-2)!$ 又需要先计算 $(n-3)!$;以此类推,直到最后演变成计算 $1!$。定义一个有参函数 factorial_sum(x),实现 x 的阶乘运算,再定义两个变量 n 和 sum0 用于存储键盘输入的 n 值和阶乘连加的和值。sum0 的初始值是 0。阶乘的计算使用递归,外加一个循环,实现累加每一项阶乘的值即可。

根据分析,参考代码如下:

```
def factorial_sum(x):
    if x == 0 or x == 1:
        return 1
    else:
        return factorial_sum( x - 1) * x
sum0 = 0
n = int(input('输入一个正整数:\n'))
for i in range(1, n + 1):
    sum0 += factorial_sum(i)
print(sum0)
```

运行程序,共运行两次,分别输入 5 和 10。运行结果如图 1-12-3 所示。

4. 实验内容第 4 题

分析: 公式 $s=1+(1+2)+(1+2+3)+(1+2+3+4)+\cdots+(1+2+3+4+\cdots+n)$,其中每一项都是连加的和,连加满足递归调用的特点。定义两个参数 n 和 result,分别用于存储从键盘输入的一个正整数和最后的和值。定义一个有参函数 recursive_sum(x),在函数中判断 x 的值,如果 x=1,则 return 1,否则返回 recursive_sum(x-1) + sum(range(1, x+1))。最后输出结果。

根据分析,参考代码如下:

```python
def recursive_sum(x):
    if x == 1:
        return 1
    else:
        return recursive_sum(x - 1) + sum(range(1, x + 1))
n = eval(input("请输入一个正整数:"))
result = recursive_sum(n)
print("s的值为{}".format(result))
```

运行程序,共运行两次,分别输入 1 和 5。运行结果如图 1-12-4 所示。

图 1-12-3　实验内容第 3 题运行结果

图 1-12-4　实验内容第 4 题运行结果

5. 实验内容第 5 题

分析:字符串的反转也满足递归调用的特点,把一个字符串看成两部分组成:首字符和剩余字符串,将剩余字符串与首字符交换可以实现整个字符串的反转。假设定义一个字符串用 xstr 表示,则 xstr[0] 表示首字符,xstr[1:] 表示剩余字符串;定义一个函数 str_reverse(xstr),当 xstr 等于空时,返回 xstr 本身;否则返回 str_reverse(xstr[1:])+xstr[0]。

根据分析,参考代码如下:

```python
def str_reverse(xstr):
    if xstr == "":
        return xstr
    else:
        return str_reverse(xstr[1:]) + xstr[0]
ystr=input("请输入一个字符串:")
print(str_reverse(ystr))
```

运行程序,共运行两次,分别输入:"静烟临碧树,残雪背晴楼"和"春晚落花余碧草,夜凉低月半梧桐"。其结果如图 1-12-5 所示。

图 1-12-5　实验内容第 5 题运行结果

12.4　实验提高

编写函数,实现序列 p=[9, 2, 13, 21, 6, 7] 的冒泡排序。

实验 13　文件操作

13.1　实验目的

1. 掌握文件的不同打开方式。
2. 掌握 with 语句的用法。
3. 掌握文件的读取和写入方法。
4. 掌握文件的定位操作方法。
5. 掌握 CSV 文件的操作方法。

13.2　实验内容

1. 当前文件夹下有一个文本文件"我的祖国.txt",内容如图 1-13-1 所示。读取文件中的内容并显示。

2. 当前文件夹下有一个文本文件"望庐山瀑布.txt",内容如图 1-13-2 所示。读取文件中的内容并显示最后一行。

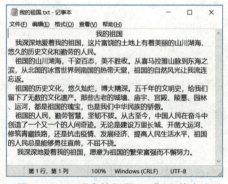

图 1-13-1　"我的祖国.txt"文件内容

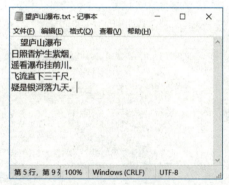

图 1-13-2　"望庐山瀑布.txt"文件内容

3. 读取"望庐山瀑布.txt"中的内容,在第一行和第二行之间插入新的一行,内容为:"作者:李白",将所有内容写入新文件"望庐山瀑布(新).txt",并输出"望庐山瀑布(新).txt"的内容。

4. 当前文件夹下有一个文本文件"排序前数据.txt",内容如图 1-13-3 所示。对其中的内容按从高到低的次序重新排序,输出相关内容并写入"排序后数据.txt"。

5. 在当前文件夹下有"成绩.csv"文件,内容如图 1-13-4 所示,输出标题行以及 1 班同学的记录。

图 1-13-3　"排序前数据.txt"文件内容

图 1-13-4　"成绩.csv"文件内容

6. 在"成绩.csv"文件的最后添加一条记录"'3 班 ', '2003', ' 颜小桃 ', ' 女 ', 67, 75, 60",然后输出所有行,每一行以列表的形式输出。

7. 读取"成绩.csv"文件中的所有记录,统计输出总分超过 230 分同学的班级、姓名和总分。

13.3　实验步骤

1. 实验内容第 1 题

分析:首先用 open() 函数打开文件,要读取的文件和程序文件放在同一个文件夹下,可以使用相对路径来打开,打开模式可以使用"r"(只读模式)。用记事本打开"我的祖国.txt",在右下角可以看到该文件采用"utf-8"编码,所以参数 encoding 需要指定"utf_8"。读取文件内容可以用 read() 函数,再用 print() 函数输出读取的内容。最后用 close() 函数关闭文件。

根据分析,参考程序代码如下:

```
f = open("我的祖国.txt", "r", encoding = "utf_8")
print(f.read())
f.close()
```

运行程序,结果如图 1-13-5 所示。

```
= RESTART: D:\实验13\实验13.1.py
                    我的祖国
    我深深地爱着我的祖国,这片富饶的土地上有着美丽的山川湖海、悠久的历史文化和勤劳的人民。
    祖国的山川湖海,千姿百态,美不胜收。从喜马拉雅山脉到东海之滨,从北国的冰雪世界到南国的热带
天堂,祖国的自然风光让我流连忘返。
    祖国的历史文化,悠久灿烂,博大精深。五千年的文明史,给我们留下了无数的文化遗产。那些古老的
城墙、庙宇、宫殿、陵墓、园林、运河,都是祖国的瑰宝,也是我们中华民族的骄傲。
    祖国的人民,勤劳智慧,坚韧不拔。从古至今,中国人民在奋斗中创造了一个又一个的人间奇迹。无论
是建设万里长城、开凿大运河、修筑青藏铁路,还是抗击疫情、发展经济、提高人民生活水平,祖国的人民
总是能够勇往直前,不屈不挠。
    我深深地爱着我的祖国,愿意为祖国的繁荣富强而不懈努力。
```

图 1-13-5　实验内容第 1 题运行结果

2. 实验内容第 2 题

分析:readlines() 方法可以把文本文件中的每行文本作为一个字符串存入列表,结果返回该列表。要读取文件中的内容并将最后一行显示出来,可以先用 readlines() 方法一次性读取"望庐山瀑布.txt"文件所有的行,返回给列表 lst。再用 len() 函数获取列表 lst 的长度即文件内容的行数,最后一行即 lst[len(lst)-1],用 print() 函数输出即可。

根据分析,参考程序代码如下:

```
with open("望庐山瀑布.txt", "r", encoding = "utf_8") as f:
    lst = f.readlines()
    print(lst[len(lst) - 1])
```

程序运行后,输出结果如下:

```
疑是银河落九天。
```

3. 实验内容第 3 题

分析:首先以只读方式打开文本文件"望庐山瀑布.txt",再用 readlines() 方法一次性读取"望庐山瀑布.txt"文件所有的行,返回给列表 lst。在 lst 的第二行插入内容"作者: 李白 \n"。然后以"w+"

（可读可写，如果文件已存在则覆盖）的方式打开文件"望庐山瀑布（新）.txt"，再用 writelines() 方法一次性写入 lst 的内容。接下来，将文件指针定位至文件头，用 read() 函数读取文件的所有内容，最后用 print() 函数输出读取的内容。

根据分析，参考程序代码如下：

```
with open("望庐山瀑布.txt", "r", encoding = "utf_8") as f:
    lst = f.readlines()
    lst.insert(1, "作者：李白\n")
with open("望庐山瀑布(新).txt", "w+", encoding = "utf_8") as f:
    f.writelines(lst)
    f.seek(0)
    print(f.read())
```

运行程序，结果如图 1-13-6 所示。

4. 实验内容第 4 题

分析：首先以只读方式打开文本文件"排序前数据.txt"，再用 readlines() 方法一次性读取文件所有的行，返回给列表 lst。用 sort() 函数对列表进行排序，指定参数 reverse = True 可以从大到小排序。然后以"w+"（可读可写，如果文件已存在则覆盖）的方式打开文件"排序后数据.txt"，可以用 writelines() 函数一次性写入 lst 的内容（参见实验内容第 3 题的写法），也可以用 for 循环遍历整个列表 lst，再用 write() 函数一行一行写。接下来，将文件指针定位至文件头，用 read() 函数读取文件的所有内容，最后用 print() 函数输出读取的内容。

根据分析，参考程序代码如下：

```
with open("排序前数据.txt", "r", encoding = "utf_8") as f:
    lst = f.readlines()
    lst.sort(reverse = True)

with open("排序后数据.txt", "w+", encoding = "utf_8") as f:
    for i in range(len(lst)):
        f.write(lst[i])
    f.seek(0)
    print(f.read())
```

运行程序，结果如图 1-13-7 所示。

```
= RESTART: D:\实验13\实验13.3.py
    望庐山瀑布
作者：李白
日照香炉生紫烟，
遥看瀑布挂前川。
飞流直下三千尺，
疑是银河落九天。
```

图 1-13-6　实验内容第 3 题运行结果

```
= RESTART: D:\实验13\实验13.4.py
95
90
87
83
80
78
75
67
57
50
```

图 1-13-7　实验内容第 4 题运行结果

5. 实验内容第 5 题

分析：首先使用 open() 函数打开"成绩.csv"文件，并指定模式为"r"（只读模式）。然后，将打开的文件对象作为参数传递给 csv.reader() 函数，创建一个 CSV 读取器对象，再用 next() 方法读取并跳过第一行，也就是标题行，返回一个列表赋给 header，以"\t"分隔逐项输出 header 里的成员。接下来，使用 for 循环逐行读取 CSV 文件中的数据，第一列数据表示班级，判断是否是 1 班同学的记录，如果是则以"\t"分隔逐项输出。

根据分析，参考程序代码如下：

```python
import csv
with open('成绩.csv', 'r', encoding = 'utf_8') as file:
    rows = csv.reader(file)
    header = next(rows)              # 读取并跳过第一行
    for x in header:                 # 输出标题行
        print(x, end = '\t')
    print()
    for row in rows:
        if row[0] == '1班':          # 输出1班同学的记录
            for x in row:
                print(x, end = '\t')
            print()
```

运行程序，结果如图 13-8 所示。

6. 实验内容第 6 题

分析：由于要在文件尾部追加数据，追加完成后还要读取文件，因此以"a+"的方式打开"成绩.csv"。为了避免在写入 CSV 文件时出现额外的空行，将 newline 参数设置为空字符串。打开的文件对象作为参数传递给 csv.writer() 函数，创建一个 CSV 写入器对象。接下来，把需要追加的数据放在一个列表中，使用 writerow() 方法写入文件。写入完成后，文件指针在文件的尾部，需要把文件指针定位至文件头，然后再用 csv.reader() 函数创建一个 CSV 读取器对象。最后，使用 for 循环逐行读取 CSV 文件中的数据，并将每一行作为一个列表打印出来。

根据分析，参考程序代码如下：

```python
import csv
with open('成绩.csv', 'a+', encoding = 'utf_8', newline = '') as file:
    writer = csv.writer(file)
    writer.writerow(['3班', '2003', '颜小桃', '女', 67, 75, 60])
    file.seek(0)
    rows = csv.reader(file)
    for row in rows:
        print(row)
```

运行程序，结果如图 1-13-9 所示。

```
= RESTART: D:\实验13\实验13.5.py
班级    学号    姓名    性别    数学    语文    英语
1班    1001    张伊尔   男     67     87     78
1班    1002    李二姗   女     78     67     90
1班    1003    赵石榴   女     98     89     98
```

图 1-13-8 实验内容第 5 题运行结果

```
= RESTART: D:\实验13\实验13.6.py
['班级', '学号', '姓名', '性别', '数学', '语文', '英语']
['1班', '1001', '张伊尔', '男', '67', '87', '78']
['1班', '1002', '李二姗', '女', '78', '67', '90']
['1班', '1003', '赵石榴', '女', '98', '89', '98']
['2班', '2001', '孙思敏', '男', '76', '76', '65']
['2班', '2002', '张英', '女', '58', '80', '88']
['2班', '2003', '沈成武', '男', '77', '73', '84']
['3班', '2003', '颜小桃', '女', '67', '75', '60']
```

图 1-13-9 实验内容第 6 题运行结果

7. 实验内容第 7 题

分析：首先使用 open() 函数打开"成绩.csv"文件，并指定模式为"r"（只读模式）。然后，将打开的文件对象作为参数传递给 csv.reader() 函数，创建一个 CSV 读取器对象，再用 next() 方法读取并跳过第一行，也就是标题行。接下来，使用 for 循环逐行读取 CSV 文件中的数据，每一行中第五、六、七列的和即为总分。如果总分大于 230，输出该行的班级、姓名和总分。

根据分析，参考程序代码如下：

```python
import csv
with open('成绩.csv', 'r', encoding = 'utf_8') as file:
    rows = csv.reader(file)
    header = next(rows)                    # 读取并跳过第一行
    for row in rows:
        total_score = int(row[4]) + int(row[5]) + int(row[6])
        if total_score > 230:
            print(f"班级:{row[0]},姓名:{row[2]},总分:{total_score}")
```

运行程序，结果如图 1-13-10 所示。

```
= RESTART: D:\实验13\实验13.7.py
班级:1班,姓名:张伊尔,总分:232
班级:1班,姓名:李二姗,总分:235
班级:1班,姓名:赵石榴,总分:285
班级:2班,姓名:沈成武,总分:234
```

图 1-13-10 实验内容第 7 题运行结果

13.4 实验提高

1. 编程实现：输出文本文件"我的祖国.txt"中"祖国"出现的次数。

2. 编程实现：统计"成绩.csv"文件中有课程不及格的同学名单，将班级和姓名写入文件"不及格同学.csv"，并输出。

实验 14 目录操作

14.1 实验目的

1. 掌握 Python 对目录的创建、删除、遍历等操作方法。
2. 掌握 os 标准库中常用函数的用法。
3. 掌握利用 os.walk() 函数遍历文件夹的用法。
4. 掌握 shutil 标准库中常用函数的用法。
5. 运用文件和目录操作的相关知识实现综合程序设计。

14.2 实验内容

1. 输出文件夹"D:\实验 14"下的所有文件和文件夹名。

2. 将文件夹"D:\实验 14"及其子文件夹下的所有文件和文件夹名输出到当前文件夹下的文件"result.txt"中。

3. 输出文件夹"D:\实验 14"下的文件数目和文件夹数目。

4. 在"D:\实验 14"下创建八个文件夹，分别取名为 test1，test2，...，test8。然后输出"D:\实验 14"下的所有文件夹名和文件夹总数。

5. 对文件夹"D:\实验 14"及其子文件夹下的所有文件名中包含"图片 _"的文件进行重命名，将其中的"图片 _"改为"image_"，并输出修改前和修改后的文件名。

6. 将文件夹"D:\实验 14"下的不同类型文件分类存放到同一目录下。例如"D:\实验 14"下有 .txt、.xlsx 等文件，分别新建 txt 文件夹、xlsx 文件夹，并将文件移动到对应的文件夹中。

14.3 实验步骤

1. 实验内容第 1 题

分析：listdir() 函数可以返回指定文件夹下的所有文件和目录名，返回的是一个列表。逐项输出列表的元素，即可输出指定文件夹下的所有文件和目录名。

根据分析，参考程序代码如下：

```
import os
for x in os.listdir(r"D:\实验14"):
    print(x)
```

运行程序，结果如图 1-14-1 所示。

2. 实验内容第 2 题

分析：listdir() 函数可以返回指定文件夹下的所有文件和目录名，但不包含子文件夹。如果需要遍历指定目录及其子目录中的所有文件和文件夹，可以使用 walk() 函数。walk() 函数返回一个生成器对象，可以通过迭代来获取目录中的每个文件夹和文件。每个目录会对应一个三元组。三元组中第一个元素表示当前遍历的目录路径；第二个元素表示当前目录下的子目录列表；第三个元素表示当前目录下的文件列表。把每个目录的子目录列表和文件列表写入文件即可得到想要的结果。

```
= RESTART: D:\实验14源代码\实验14.1.py
image
score1.xlsx
score2.xlsx
score3.xlsx
test1.txt
test2.txt
test3.txt
```

图 1-14-1　实验内容第 1 题运行结果

根据分析，参考程序代码如下：

```
import os
with open("result.txt", "w", encoding = "utf_8") as f:
    for root, dirs, files in os.walk(r"D:\实验14"):
        for name in dirs:
            f.write(os.path.join(root, name) + "\n")
        for name in files:
            f.write(os.path.join(root, name) + "\n")
```

程序运行后，"result.txt"的内容如图 1-14-2 所示。

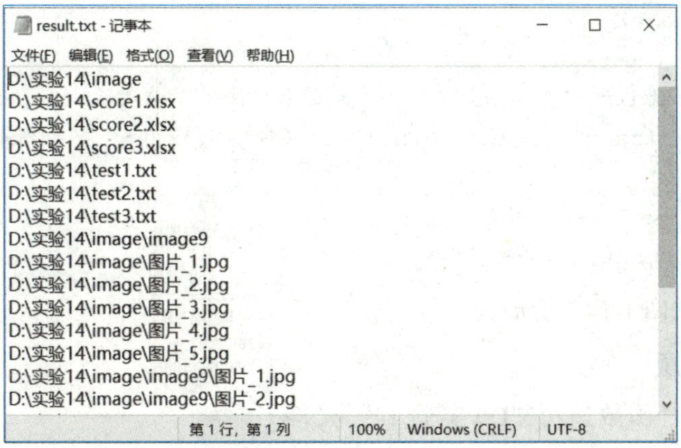

图 1-14-2　程序运行后"result.txt"的内容

3. 实验内容第 3 题

分析：利用 listdir() 函数来遍历指定文件夹下的每一个文件和目录，利用 os.path.isfile() 函数判断是否文件。如果是文件，文件数目加 1；否则文件夹数目加 1。

根据分析，参考程序代码如下：

```
import os
count1 = 0                                          # 文件数目
count2 = 0                                          # 文件夹数目
for x in os.listdir(r"D:\实验14"):
    if os.path.isfile(os.path.join(r"D:\实验14", x)):
        count1 += 1
    else:
        count2 += 1
print(f"文件数目为{count1}，文件夹数目为{count2}")
```

程序运行后，结果如下：

```
文件数目为6，文件夹数目为1。
```

4. 实验内容第 4 题

分析：首先创建八个文件夹，可以用 for 循环执行八次 mkdir() 函数，在创建文件夹之前最好先检测一下文件夹是否已经存在，如果存在，则先删除再创建。然后用 listdir() 函数遍历"D:\实验14"，统计其中的文件夹个数以及输出文件夹名，最后输出文件夹的个数。

根据分析，参考程序代码如下：

```
import os
os.chdir(r"D:\实验14")                    # 改变当前文件夹
for i in range(1, 9):                     # 创建八个文件夹
    name = "test" + str(i)
    if os.path.exists(name):              # 若已存在相应文件夹，先删除，再创建
        os.rmdir(name)
```

```
        os.mkdir(name)
count = 0
for x in os.listdir(r"D:\实验14"):      # 遍历文件夹"D:\实验14"，统计文件夹的个数
    if os.path.isdir(os.path.join(r"D:\实验14", x)):   # 判断是否文件夹
        print(x)
        count += 1
print(f"一共有{count}个文件夹。")
```

运行程序，结果如图 1-14-3 所示。

5. 实验内容第 5 题

分析：用 os.walk() 函数遍历"D:\实验 14"文件夹，返回一个三元组的迭代器。每个目录对应一个三元组。三元组中用 root 表示当前遍历的目录路径；dirs 表示当前目录下的子目录列表；files 表示当前目录下的文件列表。对 files 列表中的每一个文件名 name 进行判断，如果包含"图片_"，则用 replace() 函数将"图片_"替换为"image_"赋给 newname，然后用 rename() 函数重命名。原始文件名用 jion 函数连接 root 和 name，目标文件名用 join 函数连接 root 和 newname，同时输出原始文件名和目标文件名。

```
= RESTART: D:\实验14源代码\实验14.4.py
image
test1
test2
test3
test4
test5
test6
test7
test8
一共有9个文件夹。
```

图 1-14-3　实验内容第 4 题运行结果

根据分析，参考程序代码如下：

```python
import os
for root, dirs, files in os.walk(r"D:\实验14"):
    for name in files:
        # 如果文件名中包含"图片_"
        if "图片_" in name:
            newname = name.replace("图片_", "image_")
            os.rename(os.path.join(root, name), os.path.join(root, newname))
            print(os.path.join(root, name) + " ——> " + os.path.join(root, newname))
```

运行程序，结果如图 1-14-4 所示。

```
= RESTART: D:\实验14源代码\实验14.5.py
D:\实验14\image\图片_1.jpg ——> D:\实验14\image\image_1.jpg
D:\实验14\image\图片_2.jpg ——> D:\实验14\image\image_2.jpg
D:\实验14\listdir\图片_3.jpg ——> D:\实验14\image\image_3.jpg
D:\实验14\image\图片_4.jpg ——> D:\实验14\image\image_4.jpg
D:\实验14\image\图片_5.jpg ——> D:\实验14\image\image_5.jpg
D:\实验14\image\image9\图片_1.jpg ——> D:\实验14\image\image9\image_1.jpg
D:\实验14\image\image9\图片_2.jpg ——> D:\实验14\image\image9\image_2.jpg
D:\实验14\image\image9\图片_3.jpg ——> D:\实验14\image\image9\image_3.jpg
D:\实验14\image\image9\图片_4.jpg ——> D:\实验14\image\image9\image_4.jpg
D:\实验14\image\image9\图片_5.jpg ——> D:\实验14\image\image9\image_5.jpg
D:\实验14\image\image9\图片_6.jpg ——> D:\实验14\image\image9\image_6.jpg
D:\实验14\image\image9\图片_7.jpg ——> D:\实验14\image\image9\image_7.jpg
D:\实验14\image\image9\图片_8.jpg ——> D:\实验14\image\image9\image_8.jpg
D:\实验14\image\image9\图片_9.jpg ——> D:\实验14\image\image9\image_9.jpg
```

图 1-14-4　实验内容第 5 题运行结果

6. 实验内容第 6 题

分析： 首先用 listdir() 函数来遍历 "D:\实验 14" 文件夹，用 os.path.file() 函数来判断是否是文件。如果是文件，则用 os.path.splitext() 函数来获取文件类型。然后依次按照文件类型创建对应文件夹。接下来，继续遍历文件夹，用 shutil 库中的 move() 函数将文件移动到对应的文件夹中。

根据分析，参考程序代码如下：

```python
import shutil
ext = set()                                          # 存放文件扩展名的集合
for x in os.listdir(r"D:\实验14"):
    if os.path.isfile(os.path.join(r"D:\实验14", x)):
        kzm = os.path.splitext(x)[1]                 # 将文件扩展名加入集合
        ext.add(kzm[1:])                             # 去掉第一位"."
os.chdir(r"D:\实验14")                                # 改变当前文件夹
for name in ext:
    if os.path.exists(name):                         # 若已存在相应文件夹，先删除，再创建
        os.rmdir(name)
    os.mkdir(name)
for x in os.listdir(r"D:\实验14"):
    if os.path.isfile(os.path.join(r"D:\实验14", x)):
        src = os.path.join(r"D:\实验14", x)
        kzm = os.path.splitext(x)[1]
        dst = os.path.join(r"D:\实验14", kzm[1:], x)
        shutil.move(src, dst)                        # 将文件移动到对应的文件夹
print("执行完毕！")
```

程序运行后，会根据文件的类型建立相应的文件夹，然后将文件分类存放到对应的文件夹下。

14.4 实验提高

1. 编程实现：删除指定文件夹及其子文件夹下指定类型的文件。

2. 编程实现：将指定文件夹下所有的 Excel 文件合并成一个文件。假设所有 Excel 文件包含同样数量的列，第一行为表头。

实验 15　面向对象程序设计

15.1 实验目的

1. 理解面向对象程序设计的思想。
2. 掌握类的定义、类的对象的创建与使用方法。
3. 掌握类的属性与方法的使用。
4. 掌握类的私有成员和公有成员的使用方法。

15.2 实验内容

1. 输入并运行以下程序，验证自定义类属性的调用方法，并写出运行程序结果。

```
class Myclass:
    """一个简单的Myclass类"""
    X = 14
    Y = 30
    def Mymethod(self, x, y):
        m = x
        n = y

print("m=", Myclass.x, "n=", Myclass.y)
```

2. 输入并运行以下程序，验证类的对象调用实例方法的格式，写出运行程序结果。

```
class Student:
    def study(self, name):
        self.name = name
        print(self.name + "学习中...")

aa = Student()
aa.study("王可")
```

3. 输入并运行以下程序，验证类方法和静态方法的定义方法，并写出运行程序结果。

```
class Cat:
    @classmethod
    def meow(cls, name):
        print(name + "喵喵喵...")

class Dog:
    @staticmethod
    def bark(name):
        print(name + "汪汪汪...")

Cat.meow("小猫咪")
Dog.bark("哈巴狗")
```

4. 输入并运行以下程序，验证定义私有成员的方法，写出运行程序输出的结果，并思考：若在该程序的类外增加语句 Worker()._salary()，运行程序出现什么情况？为什么？

```
class Worker:
    _name = "张三"
    def salary(self):
        print("Teacher类的内部实例方法")
    def show_salary(self):
        print("show_salary方法开始执行")
        self.salary()
        print("show_salary方法执行完毕")
```

```
Worker().show_salary()    # show_salary()是公有方法,可以在类外部访问
```

5.输入并运行以下程序,验证初始化实例属性和为对象增加属性的方法,写出运行程序输出的结果,并思考:若在该程序的最后增加语句 print(catB.color),运行程序出现什么情况?为什么?

```
class Cat:
    kind = "加菲猫"

    def __init__(self, name):
        self.name = name

    def meow(self):
        print(self.name + ":喵喵喵...")

catA = Cat("小猫A")
catB = Cat("小猫B")
catA.color = "white"
catA.meow()
print('种类: ' + catA.kind)
print(catA.name + ": " + catA.color)
```

6.某学校教师的职称分为高级、中级、初级。根据以下描述计算各类教师年底的绩效奖金。

(1)工作满一年才有年底绩效奖金,且绩效奖金是两个月的薪资。

(2)高级教师每个月薪资是 6 500 元。

(3)中级教师每个月薪资是 5 000 元。

(4)初级教师每个月薪资是 4 000 元。

15.3　实验步骤

1. 实验内容第 1 题

分析:本例定义了一 Myclass 类,类中包含了 x 和 y 两个类属性和一个类方法 Mymethod(),调用类属性的语法格式是:类名.类属性。

运行程序,结果如下:

```
M = 14 n = 30
```

2. 实验内容第 2 题

分析:从本例中可以看出,study() 是 Student 类中的一个方法,aa 是 Student 类的实例化对象;实例对象调用实例方法的语法格式是:类名.方法名,正如 aa.study(" 王可 ")。

运行程序,其结果如下:

```
王可学习中...
```

3. 实验内容第 3 题

分析:在 Cat 类中定义了一个类方法 meow(),声明类方法的标识符是 @classmethod。Dog 类中

定义了一个静态方法。静态方法的标识符是 @staticmethod。调用两种方法的格式一样，都是"类名.方法名"，正如程序中的语句 Cat.meow(" 小猫咪 ") 和 Dog.bark(" 哈巴狗 ")。

运行程序，结果如图 1-15-1 所示。

```
========================= RESTART: D:\实验15\实验15.3.py
小猫咪喵喵喵...
哈巴狗汪汪汪...
```

图 1-15-1　实验内容第 3 题运行结果

4. 实验内容第 4 题

分析：本例定义了一个 Worker 类，属性 name 通过英文下划线 "_" 来标识，是类的私有属性。运行程序，结果如图 1-15-2 所示。

```
========================= RESTART: D:\实验15\实验15.4.py
show_salary方法开始执行
Teacher类的内部实例方法
show_salary方法执行完毕
```

图 1-15-2　实验内容第 4 题运行结果

若在类外增加语句 Worker()._salary()，运行程序会报错，因为 salary() 是私有成员，不能在类外调用 salary()。

5. 实验内容第 5 题

分析：本例定义了一个 Cat 类，类中包含属性 kind、方法 meow() 及构造方法 __init__()，通过构造方法 __init__() 初始化实例属性，通过 meow() 方法访问 name 实例属性，实现输出"喵喵喵..."的功能；通过语句 catA.color = "white" 为对象 catA 添加 color 属性，最后输出对象 catA 的 meow() 方法功能、kind 属性和 color 属性。

运行程序，结果如图 1-15-3 所示。

```
========================= RESTART: D:\实验15\实验15.5.py
小猫A:喵喵喵...
种类：加菲猫
小猫A:   white
```

图 1-15-3　实验内容第 5 题运行结果

若在该程序的类外增加语句 print(catB.color)，运行程序出现会报错（AttributeError:'Cat' object has no attribute 'color'），因为对象 Cat 类没有 color 属性，对象 catA 的 color 属性为其私有，其它对象不能访问。

6. 实验内容第 6 题

分析：定义一个 Teacher 类，包含 ID（工号）、name（姓名）、职称（titleType）、workingYear（工龄）四个属性及构造方法 __init__() 和 Merit_salary() 方法；Merit_salary() 方法用于输出教师的年终绩效奖金。再定义高级、中级和初级三个子类，继承 Teacher 类的属性和方法，每个子类中 Merit_salary() 方法判断职称（titleType）和 workingYear>1 是否同时成立。若成立就直接输出其类别对应的绩效奖金；否则无绩效奖金。

根据分析，参考程序代码如下：

```
class Teacher:
```

```python
    def init(self, ID, name, titleType, workingYear):
        self.ID = ID
        self.name = name
        self.titleType = titleType
        self.workingYear = workingYear
    def Merit_salary(self):
        pass

class Senior_teacher(Teacher):
    def Merit_salary(self):
        if self.titleType == "高级" and self.workingYear >= 1:
            print("高级{}今年的绩效工资为13000元".format(self.name))
        else:
            print("高级{}今年的绩效工资为0元".format(self.name))

class Intermediate_teacher(Teacher):
    def Merit_salary(self):
        if self.titleType == "中级" and self.workingYear >= 1:
            print("中级{}今年的绩效工资为10000元".format(self.name))
        else:
            print("中级{}今年的绩效工资为0元".format(self.name))

class Junior_teacher(Teacher):
    def Merit_salary(self):
        if self.titleType == "初级" and self.workingYear >= 1:
            print("初级{}今年的绩效工资为8000元".format(self.name))
        else:
            print("初级{}今年的绩效工资为0元".format(self.name))

worker_number = input("请输入员工的工号:")
worker_name = input("请输入员工的姓名:")
worker_title = input("请输入员工的职称:")
worker_year = eval(input("请输入员工的工龄:"))
if worker_title == "高级" and worker_year >= 1:
    SS = Senior_teacher(worker_number, worker_name, worker_title, worker_year)
    SS.Merit_salary()
elif worker_title == "中级" and worker_year >= 1:
    II = Intermediate_teacher(worker_number, worker_name, worker_title, worker_year)
    II.Merit_salary()
else:
    JJ = Junior_teacher(worker_number, worker_name, worker_title, worker_year)
    JJ.Merit_salary()
```

运行程序，共运行四次。第一次，工号、姓名、职称和工龄分别输入 0002、李明、高级、2。第二次，工号、姓名、职称和工龄分别输入 0590、王丽、中级、5。第三次，工号、姓名、职称和工龄分别输入 6600、张化、初级、7。第四次，工号、姓名、职称和工龄分别输入 9990、王五、初级、0.8。运行结果如图 1-15-4 所示。

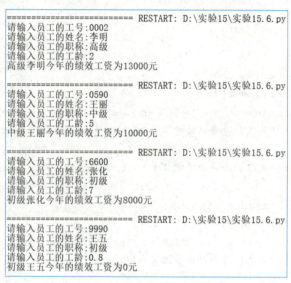

图 1-15-4　实验内容第 6 题运行结果

15.4　实验提高

某建筑公司工人分以下几类：钳工、焊工和小时工等；定义一个 Worker 类，根据以下描述计算各类工人每个月的工资，其每个月的工资包含基本工资和加班费。

（1）钳工基本工资一个月 5 000 元，加班费一小时 15 元；

（2）焊工基本工资一个月 5 500 元，加班费一小时 17 元；

（3）小时工按一个小时 30 元，工资按月结算。

实验 16　科学计算与可视化

16.1　实验目的

1. 掌握 Python 第三方库 NumPy 中关于矩阵创建函数的使用方法。
2. 掌握 Python 第三方库 SciPy 中子模块的使用方法。
3. 掌握 Python 第三方库 Matplotlib 中关于绘图函数的使用方法。

16.2　实验内容

1. 现要求随机生成 100 个在 $\left[-\dfrac{\pi}{2}, \dfrac{\pi}{2}\right]$ 之间的随机数据，这些数据表示为 $(x_1, y_1), (x_2, y_2), \cdots, (x_{100}, y_{100})$。通过在这些数据中添加噪声获取了若干测试数据坐标点 $(xx_1, yy_1), (xx_2, yy_2), \cdots, (xx_{100}, yy_{100})$。现要求绘制对这 100 个测试数据的拟合函数曲线，并画出真实数据和测试数据的坐标点。

2. 要求调用绘图库 Matplotlib 中的函数分别绘制 $y=\sin(x)$，$y=\cos(x)$，$y=1.0/\cos(x)$ 以及 $y=1.0/\sin(x)$ 四个图，并以 2 行 2 列的矩阵形式显示。

3. 根据某地区一年当中的天气预报绘制"下雨"、"晴天"以及"多云"的饼图，现有给定列表 [0.435, 0.393, 0.172] 分别表示"下雨"、"晴天"以及"多云"发生的概率，要求绘制该地区天气预报的两类饼图，第一类饼图各个扇形区域的偏离角度为 0；第二类饼图在"多云"和"晴天"的扇形面中存在 0.1 的偏离角度。

16.3 实验步骤

1. 实验内容第 1 题

分析：本题调用 python 第三方库 SciPy 中的最小二乘拟合函数 leastsq()。该函数来自模块 scipy.optimize 中，其中需要定义一个求真实数据与测试数据之间残差的 residuals 为误差计算函数，拟合参数初始值定义为 Q_initial，args 为需要拟合的实验数据。基于最小二乘方法拟合的结果需要与真实值之差控制在一定范围内，模型才具有较好的效果。

根据分析，程序参考代码如下：

```python
import numpy as np
import matplotlib.pyplot as plt
import pylab as pl
from scipy import linalg
from scipy.optimize import leastsq
plt.rcParams['font.sans-serif'] = ['SimHei']        # 用来正常显示中文标签
plt.rcParams['axes.unicode_minus'] = False          # 用来正常显示负号
def func(x, p):
    A, k, theta = p
    return A * np.sin(2 * np.pi * k * x + theta)
def residuals(p, y, x):
    return y - func(x, p)
x = np.linspace(-np.pi / 2, np.pi / 2, 100)
A, k, theta = 10, 0.34, np.pi / 6                   # 真实数据的函数参数
y0 = func(x, [A, k, theta])                         # 真实数据
y1 = y0 + 1.5 * np.random.randn(len(x))             # 加入噪声之后的实验数据
Q_initial = [7, 0.2, 0]                             # 第一次猜测的函数拟合参数
plsq = leastsq(residuals, Q_initial, args = (y1, x))
print("真实值:", [A, k, theta])
print("测量值:", abs(plsq[0]))
pl.plot(x, y0, marker = '+', label = u"真实值")
pl.plot(x, y1, marker = 'D', label = u"测量值")
pl.plot(x, func(x, plsq[0]), label = u"拟合值")
pl.legend()
pl.show()
```

运行以上程序，得到如图 1-16-1 所示的实验结果。

2. 实验内容第 2 题

分析：本题考查了 NumPy 库中在一定范围内生成数据的方法。本题基于 linspace() 函数随机生成一定数量的散点，然后以这些散点为基础绘制曲线图。矩阵图采用 subplot(221)-subplot(224) 的形式进行生成，其中第一个数值 "2" 和第二个数值 "2" 表示矩阵图的行和列，第三个数值表示生成图的序号。曲线图绘制的主要函数为 plot()，其来自于模块 matplotlib.pyplot，其中的参数参见本书配套主教材第 8 章的介绍。

根据分析，程序参考代码如下：

```python
from matplotlib import pyplot as plt
import numpy as np
import math
pic = plt.figure()
pic.set_size_inches(5, 5)
pic.set_facecolor('white')
ax1 = pic.add_subplot(221)
x = np.linspace(-np.pi / 2, np.pi / 2, 200)
y = np.sin(x)
plt.plot(x, y, color = 'k', linestyle = '-', marker = 'o', markersize = 9,
         markerfacecolor = 'm', markevery = [30, 60, 80, 167],
         linewidth = 3, label = 'sin(x)')
plt.legend()
ax2 = pic.add_subplot(222)
x = np.linspace(-np.pi / 2, np.pi / 2, 200)
y = np.cos(x)
plt.plot(x, y, color = 'b', linestyle = '--', marker = 'o', markersize = 9,
         markerfacecolor = 'm', markevery = [30, 60, 80, 167],
         linewidth = 3, label = 'cos(x)')
plt.legend()
ax3 = pic.add_subplot(223)
x = np.linspace(-np.pi / 2, np.pi / 2, 200)
y = 1.0 / np.cos(x)
plt.plot(x, y, color = 'r', linestyle = '-.', marker = 'o', markersize = 9,
         markerfacecolor = 'm', markevery = [30, 60, 80, 167],
         linewidth = 3, label = 'sec(x)')
plt.legend()
ax4 = pic.add_subplot(224)
x = np.linspace(-np.pi / 2, np.pi / 2, 200)
y = 1.0 / np.sin(x)
plt.plot(x, y, color = 'y', linestyle = ':', marker = 'o', markersize = 9,
         markerfacecolor = 'm', markevery = [30, 60, 80, 167],
         linewidth = 3, label = 'csc(x)')
plt.legend()
```

```
plt.show()
```

运行以上程序，得到如图 1-16-2 所示的实验结果。

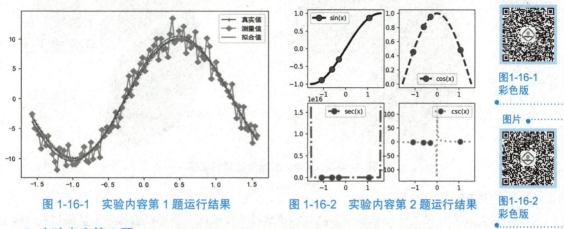

图 1-16-1　实验内容第 1 题运行结果　　　图 1-16-2　实验内容第 2 题运行结果

3. 实验内容第 3 题

分析：本题主要考查了饼图绘制函数 pie() 的用法，来自于模块 matplotlib.pyplot，其中该函数内部第二个参数 explode 表示生成的扇形面的偏离角度，其取值范围在 0~1 之间。本题第二个饼图绘制中选择 explode 值为 0.1，然后以 x 取值 [0.435, 0.393, 0.172] 分别表示下雨的概率、晴天的概率与多云的概率。由于在本代码中涉及到中文的显示，为了保证汉字显示的正确性，需要在代码中添加 "plt.rcParams['font.sans-serif'] = ['SimHei']"，这样可以确保黑体汉字的正常显示。最后，结合 matplotlib.pyplot 模块中的显示函数 show，即可把生成实验要求的饼图。

根据分析，程序参考代码如下：

```
from matplotlib import pyplot as plt
import numpy as np
import math
plt.rcParams['font.sans-serif'] = ['SimHei']
pic = plt.figure()
pic.set_size_inches(5, 5)
pic.set_facecolor('white')
ax = pic.add_axes([0.1, 0.1, 0.8, 0.8])
ax.set_title('饼图')
x = [0.435, 0.393, 1 - 0.43 - 0.33]
label = ['下雨概率', '晴天概率','多云概率']
colors = ['red', 'green', 'yellow']
explode = (0, 0.1, 0.1)
ax.pie(x, explode = explode, labels = label, colors = colors, autopct = '%1.2f%%')
plt.show()
```

运行以上程序，得到如图 1-16-3 所示的实验结果。

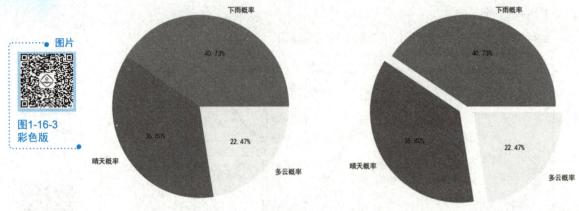

图 1-16-3　实验内容第 3 题运行结果

16.4　实验提高

中国女排精神是中国女子排球队顽强战斗、勇敢拼搏精神的总概括。女排国家队每年在国际上会进行多项比赛,每次比赛有胜有负,现要求通过查阅体育相关资料,得到近 10 年来每年女排的胜率,并通过绘制直方图的形式进行展示。

实验 17　第三方库综合应用

17.1　实验目的

1. 了解 Python 第三方库 jieba 对语句进行分词的方法。
2. 了解 Python 文档关键词和关键短语的 TextRank 提取算法。
3. 掌握 Python 提取文档关键词和关键短语的实现步骤。
4. 了解 Python 第三方库 Matplotlib 实现绘制曲线图的应用。
5. 了解 Python 第三方库 Matplotlib 中常用的绘图功能接口函数。
6. 掌握 Python 绘制不同曲线图的方法。
7. 了解 Python 将文本文档中的字符转换为矩阵向量并输出的方法。
8. 了解 Python 关于模式识别模块中的 K 最近邻算法(KNN)的原理及实现方法。
9. 掌握 Python 在监督学习中,字符识别模型训练和推理的整个实现流程。

17.2　实验内容

随着 Python 的兴起,其应用领域越来越广泛。本次实验提供三个综合性案例,分别介绍 Python 在文本处理、数据处理及人工智能方面的应用,起一个抛砖引玉的作用。

1. 对党的二十大报告里面的第五章"实施科教兴国战略,强化现代化建设人才支撑"这一章节进行关键词分析与提取。
2. 小明同学想通过可视化方式了解中国一线城市:北京、上海、广州和深圳,近十年来 GDP 数据的变化。下面给出了这四个城市从 2014—2023 十年间的 GDP 数据(数据从高到低排列):

北京 =[43761, 41611, 40269, 35943, 35445, 33106, 29883, 27041, 24779, 22926]
上海 =[47219, 44652, 43653, 38963, 37987, 36011, 32925, 29887, 26887, 25269]

广州 =[30356, 28839, 28231, 25019, 23628, 22859, 19871, 19547, 18100, 16706]
深圳 =[34606, 32387, 30664, 27759, 26992, 25266, 23280, 20685, 18436, 16795]

根据以上数据，利用 Python 第三方库 Matplotlib 的绘图功能分别绘制北京、上海、广州和深圳四个城市生产总值（GDP）趋势图，要求用以下三种方式生成：曲线图、饼图、散点图。

3. 李老师的研究方向为字符识别。他想要在之前的研究基础上进一步提升字符识别模型的精度和降低识别单个字符时花费的时间，目前李老师已构建了基于深度学习的字符识别模型，但囿于字符数据集样本量不够以及算法时间和空间复杂度较高的问题，无法达到理想的识别结果，因此为了简化模型，提升算法执行效率。请同学设计一种基于 KNN（K-Nearest Neighbor, K 最近邻算法）的字符识别方法帮助李老师解决此问题。图 1-17-1 展示了部分待识别的字符样本，结果以文本文档保存。

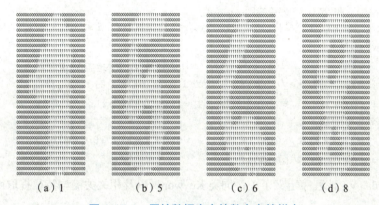

图 1-17-1　原始数据库中的数字字符样本

17.3　实验步骤

1. 实验内容第 1 题

分析：（1）基于 Python 第三方库 codecs 模块导入以文本文档存储的党的二十大报告，通过使用 codecs 模块，可以将数据转换为 Python 的内部 Unicode 字符串，从而方便后续处理和特征提取。

（2）对文本文档中每个语句基于 Python 第三方库 jieba 模块进行分词处理。分词后把具有常用语言习惯词语归为一类，方便后期调用。

（3）利用数据挖掘的知识对第（2）步的分词结果进行数据清洗和去重。本实验提供了一个"停用词汇"的文档，此文档包含了众多的终止词汇，用于对分词进行隔离，包含有类似"?、、，。"的符号、类似"a,b,c,d,e"的字母、类似"1,2,3,4,5,6,7"数字以及其他英文单词等。

（4）根据构建的 Keyword 类，计算选定候选词汇的有向图，利用函数计算的结果筛选关键词语和关键短语，把每个词语作为有向图的每一个节点，并获取每一段文字中关键词语作为有向图的邻近边，以此为基础构建关键词汇的有向图，并提取出关键词。

根据分析，参考程序代码如下：

（1）Keyword_extract.py。该程序为本综合实验的主程序，主要执行关键词和关键短语的提取和参数显示功能。

```
#-*- encoding:utf_8 -*-
```

```python
from future import print_function
from importlib import reload
import math
import sys
try:
    reload(sys)
    sys.setdefaultencoding('utf_8')
except:
    pass

import codecs
from Keywords import Keyword
text = codecs.open(r'D:\实验17\实验17.1\党的二十大报告-第五章.txt', 'r', 'utf_8').read()
tr4w = Keyword()
tr4w.analyze(text = text, lower = True, window = 3, pagerank_config = {'alpha':0.85})
for item in tr4w.get_keywords(20, word_min_len = 2):
    print(item.word, item.weight, type(item.word))
print('--phrase--')
for phrase in tr4w.get_keyphrases(keywords_num = 100, min_occur_num = 4):
    print(phrase, type(phrase))
```

（2）Keywords.py。该程序定义了关键词类 Keywords 以及相关关键词特征提取函数。

```python
import util
from segmentation import Segmentation
class Keyword(object):
    def __init__(self, stop_words_file = None,            # 指定停止词文件路径
        allow_speech_tags = util.allow_speech_tags,       # 用于存放分割后的词汇
        delimiters = util.sentence_delimiters):           # 用于将文本拆分为句子
        self.text = ''
        self.keywords = None
        
        self.seg = Segmentation(stop_words_file = stop_words_file,
                                allow_speech_tags = allow_speech_tags,
                                delimiters = delimiters)
        self.sentences = None
        self.words_no_filter = None       # 对sentences中每个句子分词而得到的两级列表
        self.words_no_stop_words = None   # 去掉words_no_filter中的停止词而得到的两级列表
        self.words_all_filters = None     # 保留指定词性的单词而得到的两级列表
    
    #词汇图中有向节点计算
    def analyze(self,
        text,                              # 文本内容
        window = 2,                        # 窗口大小，用来构造单词之间的边
```

```python
            lower = False,                              # 是否将文本转换为小写
            vertex_source = 'all_filters',              # 构造pagerank对应的图中的节点
            edge_source = 'no_stop_words',              # 构造pagerank对应的图中的节点之间的边
            pagerank_config = {'alpha':0.85, }): # 属性常量
        self.text = text
        self.word_index = {}
        self.index_word = {}
        self.keywords = []
        self.graph = None
        result = self.seg.segment(text = text, lower = lower)
        self.sentences = result.sentences
        self.words_no_filter = result.words_no_filter
        self.words_no_stop_words = result.words_no_stop_words
        self.words_all_filters = result.words_all_filters
        util.debug(20 * '*')
        util.debug('self.sentences in Keywords:\n', '||'.join(self.sentences))
        util.debug('self.words_no_filter in Keywords:\n', self.words_no_filter)
        util.debug('self.words_no_stop_words in Keywords:\n', self.words_no_stop_words)
        util.debug('self.words_all_filters in Keywords:\n', self.words_all_filters)
        options = ['no_filter', 'no_stop_words', 'all_filters']
        if vertex_source in options:
            _vertex_source = result['words_' + vertex_source]
        else:
            _vertex_source = result['words_all_filters']
        if edge_source in options:
            _edge_source = result['words_' + edge_source]
        else:
            _edge_source = result['words_no_stop_words']
        self.keywords = util.sort_words(_vertex_source, _edge_source, window = window, pagerank_config = pagerank_config)

    #关键词列表获取函数
    def get_keywords(self, num = 6, word_min_len = 1):
        result = []
        count = 0
        for item in self.keywords:
            if count >= num:
                break
            if len(item.word) >= word_min_len:
                result.append(item)
                count += 1
        return result
```

```python
#获取关键短语获取函数
    def get_keyphrases(self, keywords_num = 12, min_occur_num = 2):
        keywords_set = set([item.word for item in self.get_keywords(num = keywords_num, word_min_len = 1)])
        keyphrases = set()
        for sentence in self.words_no_filter:
            one = []
            for word in sentence:
                if word in keywords_set:
                    one.append(word)
                else:
                    if len(one) > 1:
                        keyphrases.add(''.join(one))
                    if len(one) == 0:
                        continue
                    else:
                        one = []
            if len(one) > 1:
                keyphrases.add(''.join(one))
        return [[phrase,self.text.count(phrase)] for phrase in keyphrases
        if self.text.count(phrase) >= min_occur_num]
if __name__ == '__main__':
    pass
```

(3) segmentation.py。该程序存储了对文档中句子进行划分分词的重要函数。

```python
import jieba.posseg as pseg
import codecs
import os
import util

def get_default_stop_words_file():
    d = os.path.dirname(os.path.realpath(__file__))
    return os.path.join(d, 'stopwords.txt')

#词汇分割类
class WordSegmentation(object):
    def __init__(self,
        stop_words_file = None,  # 保存停止词的文件路径，utf_8编码，每行一个停止词
        allow_speech_tags = util.allow_speech_tags):  # 词性列表，用于过滤
        allow_speech_tags = [util.as_text(item) for item in allow_speech_tags]
        self.default_speech_tag_filter = allow_speech_tags
        self.stop_words = set()
```

```python
        self.stop_words_file = get_default_stop_words_file()
        if type(stop_words_file) is str:
            self.stop_words_file = stop_words_file
        for word in codecs.open(self.stop_words_file, 'r', 'utf_8', 'ignore'):
            self.stop_words.add(word.strip())

    #词汇分割函数
    def segment(self,
                text,                                    # 文本内容
                lower = True,                            # 是否将单词小写（针对英文）
                use_stop_words = True,                   # 若为True，则利用停止词集合来过滤
                use_speech_tags_filter = False):         # 是否基于词性进行过滤
        text = util.as_text(text)
        jieba_result = pseg.cut(text)

        if use_speech_tags_filter == True:
            jieba_result = [w for w in jieba_result if w.flag in self.default_speech_tag_filter]
        else:
            jieba_result = [w for w in jieba_result]

        word_list = [w.word.strip() for w in jieba_result if w.flag != 'x']
                                                         # 去除特殊符号
        word_list = [word for word in word_list if len(word) > 0]
        if lower:
            word_list = [word.lower() for word in word_list]
        if use_stop_words:
            word_list = [word.strip() for word in word_list if word.strip() not in self.stop_words]
        return word_list

    # 将列表sequences中的每个元素/句子转换为由单词构成的列表
    def segment_sentences (self, sentences, lower = True, use_stop_words = True, use_speech_tags_filter = False):
        res = []
        for sentence in sentences:
            res.append(self.segment(text = sentence,
                                    lower = lower,
                                    use_stop_words = use_stop_words,
                                    use_speech_tags_filter = use_speech_tags_filter))
        return res
```

```python
# 短语分句类
class SentenceSegmentation(object):
    def __init__(self,
        delimiters=util.sentence_delimiters):   # 可迭代对象，用来拆分句子
        self.delimiters = set([util.as_text(item) for item in delimiters])

    def segment(self, text):
        res = [util.as_text(text)]
        util.debug(res)
        util.debug(self.delimiters)

        for sep in self.delimiters:
            text, res = res, []
            for seq in text:
                res += seq.split(sep)
        res = [s.strip() for s in res if len(s.strip()) > 0]
        return res

#短语分割类
class Segmentation(object):
    def __init__(
        self,
        stop_words_file = None,                              # 停止词文件
        allow_speech_tags = util.allow_speech_tags,          # 词性列表，用于过滤
        delimiters = util.sentence_delimiters):              # 用来拆分句子的符号集合
        self.ws = WordSegmentation(stop_words_file = stop_words_file, allow_speech_tags = allow_speech_tags)
        self.ss = SentenceSegmentation(delimiters = delimiters)

    def segment(self, text, lower = False):
        text = util.as_text(text)
        sentences = self.ss.segment(text)
        words_no_filter = self.ws.segment_sentences(sentences = sentences,
                                                    lower = lower,
                                                    use_stop_words = False,
                                                    use_speech_tags_filter = False)
        words_no_stop_words = self.ws.segment_sentences(sentences = sentences,
                                                    lower = lower,
                                                    use_stop_words = True,
                                                    use_speech_tags_filter = False)
        words_all_filters = self.ws.segment_sentences(sentences = sentences,
                                                    lower = lower,
```

```
                                        use_stop_words = True,
                                        use_speech_tags_filter = True)

        return util.AttrDict(
            sentences = sentences,
            words_no_filter = words_no_filter,
            words_no_stop_words = words_no_stop_words,
            words_all_filters = words_all_filters
        )

if __name__ == '__main__':
    pass
```

(4) util.py。该程序存储了"将单词按关键程度从大到小排序"以及"将句子按照关键程度从大到小排序"等几个重要函数。

```
from __future__ import (absolute_import, division, print_function,
                        unicode_literals)
import os
import math
import networkx as nx
import numpy as np
import sys
from importlib import reload

try :
    reload(sys)
    sys.setdefaultencoding('utf_8')
except:
    pass
sentence_delimiters = ['?', '!', ';', '?', '!', '。', '；', '……', '…', '\n']
allow_speech_tags = ['an', 'i', 'j', 'l', 'n', 'nr', 'nrfg', 'ns', 'nt',
'nz', 't', 'v', 'vd', 'vn', 'eng']
text_type = str
string_types = (str,)
xrange = range


# 生成unicode字符串
def as_text(v):
    if v is None:
        return None
    elif isinstance(v, bytes):
        return v.decode('utf_8', errors = 'ignore')
```

```python
        elif isinstance(v, str):
            return v
        else:
            raise ValueError('Unknown type %r' % type(v))

def is_text(v):
    return isinstance(v, text_type)
__DEBUG = None

def debug(*args):
    global __DEBUG
    if __DEBUG is None:
        try:
            if os.environ['DEBUG'] == '1':
                __DEBUG = True
            else:
                __DEBUG = False
        except:
            __DEBUG = False
    if __DEBUG:
        print(' '.join([str(arg) for arg in args]))

# 可以通过点获取属性的字典
class AttrDict(dict):
    def __init__(self, *args, **kwargs):
        super(AttrDict, self).__init__(*args, **kwargs)
        self.__dict__ = self

# 用于构造单词之间的边
def combine(word_list,              # 词袋列表
            window = 2):            # 窗口大小
    if window < 2: window = 2
    for x in xrange(1, window):
        if x >= len(word_list):
            break
        word_list2 = word_list[x:]
        res = zip(word_list, word_list2)
        for r in res:
            yield r

# 用于计算两个句子相似度的函数
def get_similarity(word_list1,      # 词袋列表1
```

```python
              word_list2):                      # 词袋列表2
    words = list(set(word_list1 + word_list2))
    vector1 = [float(word_list1.count(word)) for word in words]
    vector2 = [float(word_list2.count(word)) for word in words]

    vector3 = [vector1[x] * vector2[x] for x in xrange(len(vector1))]
    vector4 = [1 for num in vector3 if num > 0.]
    co_occur_num = sum(vector4)

    if abs(co_occur_num) <= 1e-12:
        return 0
    denominator = math.log(float(len(word_list1))) + math.log(float(len(word_list2)))
    if abs(denominator) < 1e-12:
        return 0
    return co_occur_num / denominator

#将单词按关键程度从大到小排序
def sort_words(vertex_source,                   # 用来构造pagerank中的节点
               edge_source,                     # 根据单词位置关系构造pagerank中的边
               window = 2,                      # 窗口大小
               pagerank_config = {'alpha':0.85, }):   # 属性设置
    sorted_words = []
    word_index = {}
    index_word = {}
    _vertex_source = vertex_source
    _edge_source = edge_source
    words_number = 0
    for word_list in _vertex_source:
        for word in word_list:
            if not word in word_index:
                word_index[word] = words_number
                index_word[words_number] = word
                words_number += 1
    graph = np.zeros((words_number, words_number))

    for word_list in _edge_source:
        for w1, w2 in combine(word_list, window):
            if w1 in word_index and w2 in word_index:
                index1 = word_index[w1]
                index2 = word_index[w2]
                graph[index1][index2] = 1.0
                graph[index2][index1] = 1.0
```

```python
        debug('graph:\n', graph)
        nx_graph = nx.from_numpy_array(graph)
        scores = nx.pagerank(nx_graph, **pagerank_config)
        sorted_scores = sorted(scores.items(), key = lambda item: item[1], reverse = True)
        for index, score in sorted_scores:
            item = AttrDict(word = index_word[index], weight = score)
            sorted_words.append(item)
        return sorted_words

    # 将句子按照关键程度从大到小排序
    def sort_sentences(sentences,              # 输入语句
                        words,                  # 子列表和sentences中的句子对应
                        sim_func = get_similarity,  # 计算两个句子的相似性
                        pagerank_config = {'alpha':0.85, }):
        sorted_sentences = []
        _source = words
        sentences_num = len(_source)
        graph = np.zeros((sentences_num, sentences_num))
        for x in xrange(sentences_num):
            for y in xrange(x, sentences_num):
                similarity = sim_func(_source[x], _source[y])
                graph[x, y] = similarity
                graph[y, x] = similarity
        nx_graph = nx.from_numpy_array(graph)
        scores = nx.pagerank(nx_graph, **pagerank_config)
        sorted_scores = sorted(scores.items(), key = lambda item:item[1], reverse = True)

        for index, score in sorted_scores:
            item = AttrDict(index = index, sentence = sentences[index], weight = score)
            sorted_sentences.append(item)
        return sorted_sentences
```

（5）dict_wordcloud.py。该程序实现了对文档中按照关键词出现的概率进行绘制的功能，出现频次多的词语用较大尺寸表示，反之，使用较小尺寸表示。

```python
from wordcloud import WordCloud
import matplotlib.pyplot as plt
import jieba
text = open(r' D:\实验17\实验17.1\\党的二十大报告-第五章.txt', encoding = "utf_8").read()
exclude = {'的', '了', '和', '是', '在', '我们'}      # 去掉简略词汇
text = ' '.join(jieba.cut(text))                    # 中文分词
wc=WordCloud(font_path = 'C:\Windows\Fonts\msyh', width = 1600, height = 1200,
mode = "RGBA", background_color = "white", stopwords = exclude).generate(text)
```

```
plt.imshow(wc, interpolation = "bilinear")      # 生成对象
plt.axis("off")                                  # 显示词云
plt.show()                                       # 关闭x、y轴
                                                 # 保存词云
```

运行以上程序，关键词的提取结果如图 1-17-2（a）所示；关键短语的提取结果如图 1-17-2（b）所示；关键词云可视化结果如图 1-17-2（c）所示。

> **小贴士：**
> 基于以上实验结果，可以发现在党的二十大报告的第五章中，人才、创新和科技是出现频次最高的三个词汇，这体现了党和国家对我国高层次人才的重视程度。每年我国投入大量资金支持人才的发展，设立了众多科研和教研项目，培养了一批能学善用、为党为民的新青年人才，这体现了习近平总书记对人才的重视。教育又是培养人才的基石，而创新是一个国家持续进步的不竭动力，这样形成一个良性循环，不断促进我国创新事业的发展，最终会为我国经济的高速发展注入新的活力和强劲动力。

```
人才  0.029818392362902933 <class 'str'>
创新  0.0285088712545778  <class 'str'>
科技  0.023377406309677808 <class 'str'>
发展  0.02022726723090714  <class 'str'>
建设  0.02013690988465839  <class 'str'>
教育  0.018736499939216094 <class 'str'>
国家  0.015430769277565483 <class 'str'>
加强  0.011287179067643418 <class 'str'>
战略  0.011096548138911873 <class 'str'>
坚持  0.010127071074707459 <class 'str'>
加快  0.008499937016775393 <class 'str'>
强化  0.008363224326173318 <class 'str'>
改革  0.008150261782640007 <class 'str'>
培养  0.008147039527605102 <class 'str'>
形成  0.007914346880527397 <class 'str'>
体系  0.00784103200450826  <class 'str'>
优化  0.00693670994980718  <class 'str'>
引领  0.006670737623104514 <class 'str'>
全面  0.006470218289378637 <class 'str'>
企业  0.006131601052727435 <class 'str'>
```

```
['加快建设', 5] <class 'list'>
['坚持创新', 1] <class 'list'>
['坚持科技', 1] <class 'list'>
['全面建设', 1] <class 'list'>
['人才引领', 1] <class 'list'>
['优化国家', 1] <class 'list'>
['加强人才', 1] <class 'list'>
['形成国家', 1] <class 'list'>
['加快实施创新', 1] <class 'list'>
['实施人才', 1] <class 'list'>
['加快实施', 2] <class 'list'>
['坚持教育', 1] <class 'list'>
['形成人才', 1] <class 'list'>
['加强企业', 1] <class 'list'>
['加快建设国家战略人才力量', 1] <class 'list'>
['完善人才战略', 1] <class 'list'>
['人才中心', 1] <class 'list'>
['强化企业科技创新', 1] <class 'list'>
['推进教育', 1] <class 'list'>
['发展战略', 2] <class 'list'>
['加快建设教育', 1] <class 'list'>
['优化区域教育', 1] <class 'list'>
['全面发展', 1] <class 'list'>
```

（a）关键词提取效果　　　　　　　　　　（b）关键短语提取效果

（c）关键词云可视化结果

图 1-17-2　实验内容第 1 题运行结果

2. 实验内容第 2 题

分析：（1）插入子图：通过调用第三方库 Matplotlib 中的 pyplot 模块中的 figure() 子图生成函数，

然后使用该方法的成员函数 add_subplot(XYN) 添加多个矩阵图示，其中 X 和 Y 分别表示生成矩阵图示的行数和列数，N 表示显示当前的绘图序号（从 1 开始到 N 结束）。

（2）绘制曲线图：本题要用到第三方库 Matplotlib 中 pyplot 模块中的 plot 绘制曲线图函数，此函数中前两个变量 x 和 y 分别表示 2014—2023 近十年的年份数据和每年对应的 GDP 数据，后面的参数分别可以控制输出曲线的颜色、粗细、点状形态等，读者可以尝试变换其中的参数对比曲线的生成情况。

（3）绘制饼图：本题要用到第三方库 Matplotlib 中 pyplot 模块中的 pie 绘制饼图的函数，此函数与 plot 函数不同，其第一个变量 x 表示 2014—2023 近十年对应的 GDP 数据，第二个变量 label 表示 2014—2023 近十年的年份数据，后面参数用法与上面 plot 类似，可以控制输出饼图的颜色、饼图的偏离度、饼图表面百分比显示等，读者可以尝试变换其中的参数对比饼图的生成情况。

（4）绘制散点图：本题要用到第三方库 Matplotlib 中 pyplot 模块中的 scatter 绘制散点图的函数，此函数与 plot 函数含义相当，其第一个变量 x 表示 2014—2023 近十年的年份数据，第二个变量 y 表示 2014—2023 近十年对应的 GDP 数据，后面参数用法与上面类似，可以控制输出散点图每个散点的颜色、尺寸、形状等，读者可以尝试变换其中的参数对比散点图的生成情况。

（5）组合图形：把绘制函数中的各个参数调整到最优，运行并调试本程序，根据图形设置反馈调节各个曲线的颜色、形状、尺寸点等参数。

根据分析，参考程序代码如下：

```python
from matplotlib import pyplot as plt
import numpy as np
import math
plt.rcParams['font.sans-serif'] = ['FangSong']
plt.rcParams['axes.unicode_minus'] = False
北京 = [43761, 41611, 40269, 35943, 35445, 33106, 29883, 27041, 24779, 22926]
上海 = [47219, 44652, 43653, 38963, 37987, 36011, 32925, 29887, 26887, 25269]
广州 = [30356, 28839, 28231, 25019, 23628, 22859, 19871, 19547, 18100, 16706]
深圳 = [34606, 32387, 30664, 27759, 26992, 25266, 23280, 20685, 18436, 16795]
北京1 = list(reversed(北京))
上海1 = list(reversed(上海))
广州1 = list(reversed(广州))
深圳1 = list(reversed(深圳))
data_x = np.arange(2014, 2023)
data_y1 = np.array(北京1)
data_y2 = np.array(上海1)
data_y3 = np.array(广州1)
data_y4 = np.array(深圳1)

# 曲线图生成
pic = plt.figure()
pic.set_size_inches(5, 5)
pic.set_facecolor('white')
```

```python
ax1 = pic.add_subplot(221)
ax1.set_title('北京GDP变化曲线图')
plt.plot(data_x, data_y1, color = 'k', linewidth = 5)
ax2 = pic.add_subplot(222)
ax2.set_title('北京GDP变化曲线图')
plt.plot(data_x, data_y2, color = 'm', linewidth = 5)
ax3 = pic.add_subplot(223)
ax3.set_title('北京GDP变化曲线图')
plt.plot(data_x, data_y3, color = 'r', linewidth = 5)
ax4 = pic.add_subplot(224)
ax4.set_title('北京GDP变化曲线图')
plt.plot(data_x, data_y4, color = 'g', linewidth = 5)
plt.show()

# 饼图生成
pic = plt.figure()
pic.set_size_inches(5, 5)
pic.set_facecolor('white')
ax = pic.add_axes([0.1, 0.1, 0.8, 0.8])
ax.set_title('饼图')
plt.axis('off')
label = ['2014', '2015', '2016', '2017', '2018', '2019', '2020', '2021', '2022', '2023']
colors = ['red', 'blue', 'pink']
# explode = (0, 0.1, 0.1)   # explode = (0, 0.1, 0.1)
ax1 = pic.add_subplot(221)
ax1.set_title('北京GDP变化饼图')
ax1.pie(data_y1, labels = label, colors = colors, autopct = '%1.2f%%')
ax2 = pic.add_subplot(222)
ax2.set_title('上海GDP变化饼图')
ax2.pie(data_y2, labels = label, colors = colors, autopct = '%1.2f%%')
ax3 = pic.add_subplot(223)
ax3.set_title('广州GDP变化饼图')
ax3.pie(data_y3, labels = label, colors = colors, autopct = '%1.2f%%')
ax4 = pic.add_subplot(224)
ax4.set_title('深圳GDP变化饼图')
ax4.pie(data_y4, labels = label, colors = colors, autopct = '%1.2f%%')
plt.show()

# 散点图生成
pic = plt.figure()
pic.set_size_inches(5, 5)
pic.set_facecolor('white')
```

Python 程序设计与应用实验教程

```
    color = 10 * np.random.rand(10)
    area = np.square(30 * np.random.rand(10))
    ax1 = pic.add_subplot(221)
    ax1.set_title('北京GDP变化散点图')
    s1 = np.square(data_y1 / 1000)
    plt.scatter(data_x, data_y1, c = color, s = s1, cmap = 'hsv', marker = 'o',
edgecolor = 'r', alpha = 0.5)
    ax2 = pic.add_subplot(222)
    ax2.set_title('上海GDP变化散点图')
    s2 = np.square(data_y2 / 1000)
    plt.scatter(data_x, data_y2, c = color, s = s2, cmap = 'hsv', marker = 'o',
edgecolor = 'r', alpha = 0.5)
    ax3 = pic.add_subplot(223)
    ax3.set_title('广州GDP变化散点图')
    s3 = np.square(data_y3 / 1000)
    plt.scatter(data_x, data_y3, c = color, s = s3, cmap = 'hsv', marker = 'o',
edgecolor = 'r', alpha = 0.5)
    ax4 = pic.add_subplot(224)
    ax4.set_title('深圳GDP变化散点图')
    s4 = np.square(data_y4 / 1000)
    plt.scatter(data_x, data_y4, c = color, s = s4, cmap = 'hsv', marker = 'o',
edgecolor = 'r', alpha = 0.5)
    plt.show()
```

运行程序，中国四个一线城市（北京、上海、广州、深圳）的 GDP 变化的曲线图如图 1-17-3（a）所示，饼图如图 1-17-3（b）所示，散点图如图 1-17-3（c）所示。

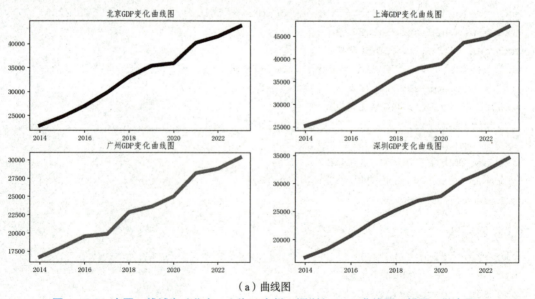

（a）曲线图

图 1-17-3　中国一线城市（北京、上海、广州、深圳）GDP 曲线图、饼图、散点图

第1部分 实验分析与指导

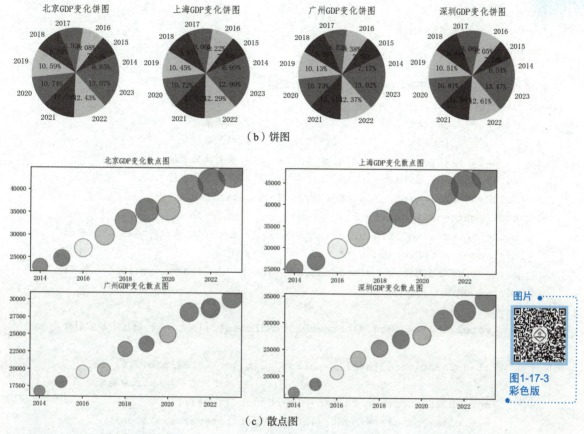

（b）饼图

（c）散点图

图 1-17-3　中国一线城市（北京、上海、广州、深圳）GDP 曲线图、饼图、散点图（续）

3. 实验内容第 3 题

分析： 本实验涉及的最核心算法是 KNN，其主要原理为：随机选择 K 个对象，所选择的每个对象代表一组数据的初始均值或初始化的数据中心值，对剩余的每个对象，根据其与各个组初始均值的距离，将他们分配到最近的（最相似）小组，然后重新计算每个小组新的均值，这个过程不断重复，直到所有的对象在 K 组分布中都找到离自己最近的组。

（1）本实验涉及读取多个文本文档，需要导入 Python 本地库 os，通过其中的 listdir 函数读取文件路径，从而访问文件中对应的字符。

（2）导入第三方库 NumPy，将文档中的字符转换为矩阵向量，并且需要将图像格式处理为一个向量。把一个 32×32 的二进制图像矩阵通过编写的 img2vector() 函数转换为 $1\times 1\,024$ 的向量。这样矩阵转换为一个列向量，方便后期计算数字字符之间的相似度距离。

（3）利用 KNN 算法计算字符向量与训练模型中字符之间的相似度，基于计算结果把测试字符匹配到训练集合中，给出最接近的字符判别结果。

（4）输出字符识别结果，包括字符识别错误次数、识别正确率、识别总时间以及单个字符识别的平均时间。

根据分析，参考程序代码如下：

```
from numpy import *
```

```python
import operator
from os import listdir
import time

# 根据距离指标构建字符分类函数,返回排序后的数组
def classify0(inX,                              # 要检测的数据
              dataSet,                          # 数据集
              labels,                           # 结果集
              k):                               # 要对比的长度
    dataSetSize = dataSet.shape[0]              # 计算有多少行
    diffMat = tile(inX, (dataSetSize, 1)) - dataSet
    sqDiffMat = diffMat ** 2                    # 差求平方
    sqDistances = sqDiffMat.sum(axis = 1)       # axis=0,表示列 axis=1,表示行
    distances = sqDistances ** 0.5              # 开方
    sortedDistIndicies = distances.argsort()        # argsort()排序,求下标
    classCount = {}
    for i in range(k):
        voteIlabel = labels[sortedDistIndicies[i]]          # 通过下标索引分类
        classCount[voteIlabel] = classCount.get(voteIlabel, 0) + 1
                                                # 通过构造字典,记录分类频数
        sortedClassCount = sorted(classCount.items(),
            key = lambda classCount:classCount[1], reverse = True)
                                                # 对字段按值排序(从大到小)
    return sortedClassCount[0][0]

'''
手写字体识别
首先,需要将图像格式化处理为一个向量,
把一个32×32的二进制图像矩阵通过img2vector()函数转换为1×1024的向量
'''
def img2vector(filename):
    returnVect = zeros((1, 1024))
    fr = open(filename)
    for i in range(32):                         # 图片矩阵维度为32×32
        lineStr = fr.readline()                 # 数据量大,所以使用readline()
        for j in range(32):
            returnVect[0, 32 * i + j] = int(lineStr[j])
    return returnVect

# 手写字体识别
def handwritingClassTest():
```

```python
        hwLabels = []
        trainingFileList = listdir(r'D:\实验17\实验17.3\trainingDigits')
                                                        # 指定文件夹
        m = len(trainingFileList)                       # 获取文件夹个数
        trainingMat = zeros((m, 1024))                  # 构造m个1024比较矩阵
        for i in range(m):
            fileNameStr = trainingFileList[i]           # 获取文件名
            fileStr = fileNameStr.split('.')[0]         # 按点把文件名字分割
            classNumStr = int(fileStr.split('_')[0])    # 按下划线把文件名字分割
            hwLabels.append(classNumStr)                # 实际值添加保存
            trainingMat[i,:] = img2vector(r'D:\实验17\实验17.3\trainingDigits/%s' % fileNameStr)
            testFileList = listdir(r'D:\实验17\实验17.3\testDigits')
                                                        # 测试数据
        errorCount = 0.0
        mTest = len(testFileList)
    time_start = time.time()
        for i in range(mTest):                          # 同上，处理测试数据
            fileNameStr = testFileList[i]
            fileStr = fileNameStr.split('.')[0]
            classNumStr = int(fileStr.split('_')[0])
            vectorUnderTest = img2vector(r'D:\实验17\实验17.3\testDigits/%s' % fileNameStr)
            classifierResult = classify0(vectorUnderTest, trainingMat, hwLabels, 3)
            if(classifierResult != classNumStr): errorCount += 1.0
    print("错误出现次数: %d" % errorCount)
    print("字符识别正确率: %f" % (1 - errorCount / float(mTest)))
    time_end = time.time()
    print("字符识别的总时间: %d" % ((time_end - time_start) * 1000))
    print("单个字符识别的平均时间: %d" % ((time_end - time_start) * 1000) / 946)
handwritingClassTest()
```

运行以上程序，得到如图 1-17-4 所示的实验结果：

错误出现次数：10次
字符识别正确率：0.989429
字符识别的总时间：23401毫秒
单个字符识别的平均时间：24毫秒

17.4 实验提高

1. 现要求随机生成 50 个在 $\left[-\dfrac{\pi}{2}, \dfrac{\pi}{2}\right]$ 之间的随机数据，这些数据属于真实数据 $(x_1, y_1), (x_2, y_2), \cdots, (x_{50}, y_{50})$。通过在这些数据中添加噪声获取了若干测试数据坐标点 $(xx_1, yy_1), (xx_2, yy_2), \cdots, (xx_{50}, yy_{50})$。现要求绘制对这 50 个数据里的拟合曲线，并画出真实数据和测试数据的坐标点。

图 1-17-4　实验内容第 3 题运行结果

2. 根据 NumPy 库中在一定范围内创建固定数量的数据的方法生成四批次的数据，然后根据这些数据以矩阵子图的形式绘制曲线图，生成一个 2 行 2 列的矩阵图列，要求第一个图建立 $y=\tan(x)$ 的线形图，第二个图建立 $y=\cot(x)$ 的线形图，第三个图建立 $y=1.0/\cot(x)$ 的线形图，第四个图是建立 $y=1.0/\tan(x)$ 的线形图。

3. 根据某一天的天气预报绘制"下雨"、"晴天"以及"多云"的饼图，并根据列表中

[0.382,0.436,0.182] 各个天气预报的概率绘制饼图。该类饼图在"多云"和"晴天"的扇形面中存在0.1的偏离角度。

实验 18　数据库的创建及基本操作

18.1　实验目的

1. 掌握数据库的创建方法。
2. 掌握数据表的创建方法。
3. 掌握向数据表插入单条记录的操作方法。
4. 掌握数据记录的查看、修改及删除操作方法。

18.2　实验内容

1. 创建一个 studentinfo.db 数据库，在 studentinfo.db 数据库中创建一个学生获奖信息表 stuhonor，表中包含五列：stuid、stuname、sex、rxy 和 honor，分别表示：学号、姓名、性别、入学年份和获奖情况，其中"stuid"为主键。

2. 向 stuhonor 数据表中添加五条记录，见表 1-18-1。

表 1-18-1　数据记录

学号	姓名	性别	入学年份	获奖情况
202452125101	肖青可	女	2024	一等奖学金
202459225109	杨林峰	男	2024	优秀班干部
202459455101	王嘉明	男	2024	优秀共青团员
202452125203	赵雪	女	2024	优秀共青团员
202459225220	程英	女	2024	二等奖学金

3. 查看 stuhonor 数据表中所有记录。
4. 查看 stuhonor 数据表中学号为"202452125101"的记录。
5. 修改 stuhonor 数据表中学号为"202452125101"的记录，将"获奖情况"的内容改为"一等奖学金、优秀班干部"。
6. 删除 stuhonor 数据表中学号为"202459455101"的记录。

18.3　实验步骤

1. 实验内容第 1 题

分析：使用 sqlite3.connect(" 数据库文件名 ") 可以创建或打开 SQLite 数据库，并返回连接对象 conn；使用 conn.execute("CREATE TABLE…") 创建表。

根据分析，参考程序代码如下：

```python
import sqlite3                                          # 导入Python SQLite数据库模块
conn = sqlite3.connect("D:/studentinfo.db")             # 创建studentinfo.db数据库
                                                        # 创建stuhonor数据表
conn.execute("CREATE TABLE stuhonor(stuid primary key, stuname, sex, rxy, honor)")
```

使用 SQLiteStudio 查看 stuhonor 数据表，如图 1-18-1 所示。

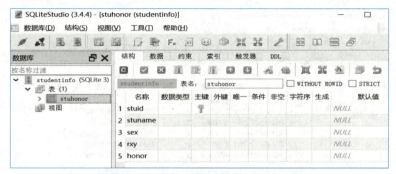

图 1-18-1　stuhonor 数据表

2. 实验内容第 2 题

分析：下面先介绍在数据表中插入记录的一般步骤。

（1）建立数据库连接。

（2）创建游标对象 cur，使用 cur.execute(sql) 执行 SQL 的 INSERT 语句完成数据表记录的插入，并根据返回值判断操作结果。

（3）提交操作。

（4）关闭数据库。

根据分析，参考程序代码如下：

```python
import sqlite3
conn = sqlite3.connect("D:/studentinfo.db")
cur = conn.cursor()
cur.execute('''INSERT INTO stuhonor(stuid, stuname, sex, rxy, honor)
VALUES (?,?,?,?,?) ''',
            ('202452125101', '肖青可', '女', '2024', '一等奖学金'))
cur.execute('''INSERT INTO stuhonor(stuid, stuname, sex, rxy, honor)
VALUES (?,?,?,?,?) ''',
            ('202459225109', '杨林峰', '男', '2024', '优秀班干部'))
cur.execute('''INSERT INTO stuhonor(stuid, stuname, sex, rxy, honor)
VALUES (?,?,?,?,?) ''',
            ('202459455101', '王嘉明', '男', '2024', '优秀共青团员'))
cur.execute('''INSERT INTO stuhonor(stuid, stuname, sex, rxy, honor)
VALUES (?,?,?,?,?) ''',
            ('202452125203', '赵雪', '女', '2024', '优秀共青团员'))
cur.execute('''INSERT INTO stuhonor(stuid, stuname, sex, rxy, honor)
VALUES (?,?,?,?,?) ''',
            ('202459225220', '程英', '女', '2024', '二等奖学金'))
conn.commit()
cur.close()
conn.close()
```

使用 SQLiteStudio 查看 stuhonor 数据表中的记录，如图 1-18-2 所示。

图 1-18-2　添加记录的 stuhonor 数据表

3. 实验内容第 3 题

分析：SELECT 语句提供了查询数据记录的功能。

根据分析，参考程序代码如下：

```
import sqlite3
conn = sqlite3.connect("D:/studentinfo.db")
cur = conn.cursor()
cur.execute("SELECT * FROM stuhonor")
for row in cur:
    print(row)
```

运行程序，结果如图 1-18-3 所示。

4. 实验内容第 4 题

分析：使用 WHERE 子句可以设置查询条件。

根据分析，参考程序代码如下：

```
import sqlite3
conn = sqlite3.connect("D:/studentinfo.db")
cur = conn.cursor()
cur.execute("SELECT * FROM stuhonor WHERE stuid = ?", ('202452125101', ))
for row in cur:
    print(row)
```

运行程序，结果如图 1-18-4 所示。

```
========================= RESTART: D:\实验18\实验18.3.py
====
('202452125101', '肖青可', '女', '2024', '一等奖学金')
('202459225109', '杨林峰', '男', '2024', '优秀班干部')
('202459455101', '王嘉明', '男', '2024', '优秀共青团员')
('202452125203', '赵雪', '女', '2024', '优秀共青团员')
('202459225220', '程英', '女', '2024', '二等奖学金')
```

图 1-18-3　实验内容第 3 题运行结果

```
========================= RESTART: D:\实验18\实验18.4.py
====
('202452125101', '肖青可', '女', '2024', '一等奖学金')
```

图 1-18-4　实验内容第 4 题运行结果

5. 实验内容第 5 题

分析：使用 UPDATE 语句更新数据记录。

根据分析，参考程序代码如下：

```
import sqlite3
conn = sqlite3.connect("D:/studentinfo.db")
cur = conn.cursor()
cur.execute("UPDATE stuhonor SET honor = ? WHERE stuid = ?",\
            ('一等奖学金、优秀班干部', '202452125101'))
conn.commit()
cur.close()
conn.close()
```

使用 SQLiteStudio 查看修改后的 stuhonor 数据表，如图 1-18-5 所示。

图 1-18-5　修改数据记录后的 stuhonor 数据表

6. 实验内容第 6 题

分析：使用 DELETE 语句删除数据记录。

根据分析，参考程序代码如下：

```
import sqlite3
conn = sqlite3.connect("D:/studentinfo.db")
cur = conn.cursor()
cur.execute("DELETE FROM stuhonor WHERE stuid = ?", ('202452125101', ))
conn.commit()
cur.close()
conn.close()
```

使用 SQLiteStudio 查看删除记录后的 stuhonor 数据表，如图 1-18-6 所示。

图 1-18-6　删除记录后的 stuhonor 数据表

18.4 实验提高

1. 查询 stuhonor 数据表中，获得"一等奖学金"荣誉的数据记录。
2. 查询 stuhonor 数据表中，性别为"女"的数据记录。

实验 19　数据库的高级操作

19.1 实验目的

1. 掌握聚合函数 max()、avg() 的使用方法。
2. 掌握使用方法 executemany() 向数据表插入多条记录的操作技巧。
3. 掌握使用 WHERE 子句设置查询条件的方法。
4. 掌握数据表的删除方法。

19.2 实验内容

1. 创建一个 studentinfo.db 数据库，在 studentinfo.db 数据库中创建一个学生表 student，表中包含六列：stuid、stuname、sex、score、rxrq 和 age，分别表示：学号、姓名、性别、成绩、入学日期和年龄情况，其中"stuid"为主键。
2. 使用 executemany() 方法向 student 数据表中添加五条记录，见表 1-19-1。

表 1-19-1　student 数据记录

学号	姓名	性别	成绩	入学日期	年龄
202452125101	肖青可	女	89	2024	18
202459225109	杨林峰	男	82	2024	18
202459455101	王嘉明	男	93	2024	19
202452125203	赵雪	女	85	2024	20
202459225220	程英	女	95	2024	18

3. 查看 student 数据表中成绩最高的学生姓名。
4. 将 student 数据表中入学日期统一修改为 2024-08-26。
5. 求 student 数据表中成绩的平均值。
6. 查看 student 数据表中年龄在 18~19 的数据记录。
7. 删除数据表。

19.3 实验步骤

1. 实验内容第 1 题

分析：使用 sqlite3.connect(" 数据库文件名 ") 可以创建或打开 SQLite 数据库，并返回连接对象 conn；使用 conn.execute("CREATE TABLE ...") 创建表。

根据分析，参考程序代码如下：

```
import sqlite3
conn = sqlite3.connect("D:/studentinfo.db")
conn.execute('''CREATE TABLE student
```

(stuid PRIMARY KEY, stuname, sex, score, rxrq date, age)''')

使用 SQLiteStudio 查看 student 数据表，如图 1-19-1 所示。

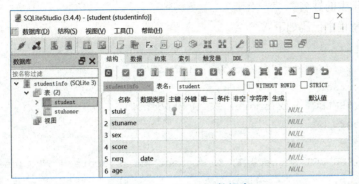

图 1-19-1　student 数据表

2. 实验内容第 2 题

分析：可以使用 cur.executemany(sql) 执行多条 SQL 语句。

根据分析，参考程序代码如下：

```
import sqlite3
conn = sqlite3.connect("D:/studentinfo.db")
cur = conn.cursor()
stulist=[('202452125101', '肖青可', '女', '89', 2024, 18),
        ('202459225109', '杨林峰', '男', '82', 2024, 18),
        ('202459455101', '王嘉明', '男', '93', 2024, 19),
        ('202452125203', '赵雪', '女', '85', 2024, 20),
        ('202459225220', '程英', '女', '95', 2024, 18)]
cur.executemany('''INSERT INTO student(stuid, stuname, sex, score, rxrq, age)
VALUES(?, ?, ?, ?, ?, ?) ''', stulist)           # 插入五行记录
conn.commit()
cur.close()
conn.close()
```

使用 SQLiteStudio 查看 stuhonor 数据表中的记录，如图 1-19-2 所示。

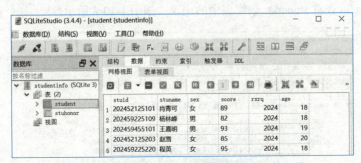

图 1-19-2　添加记录的 student 数据表中的记录

3. 实验内容第 3 题

分析：SQLite 提供的聚合函数 max() 可以求最大值。根据成绩的最大值，使用 WHERE 子句可以查询成绩最高的学生的姓名。

根据分析，参考程序代码如下：

```python
import sqlite3
conn = sqlite3.connect("D:/studentinfo.db")
cur = conn.cursor()
cur.execute("SELECT max(score) FROM student")
for row in cur:
    maxscore = row
cur.execute("SELECT stuname FROM student WHERE score = ?", (maxscore))
for row in cur:
    for i in row:
        print(i)
```

运行程序，结果如图 1-19-3 所示。

```
============================ RESTART: D:\实验19\实验19.3.py ============================
程英
```

图 1-19-3　实验内容第 3 题程序运行结果

4. 实验内容第 4 题

分析：使用 UPDATE 语句更新数据记录。

根据分析，参考程序代码如下：

```python
import sqlite3
conn = sqlite3.connect("D:/studentinfo.db")
cur = conn.cursor()
cur.execute("UPDATE student SET rxrq = ?", ('2024-08-26', ))
conn.commit()
cur.close()
conn.close()
```

使用 SQLiteStudio 查看 stuhonor 数据表中的记录，如图 1-19-4 所示。

图 1-19-4　修改 rxrq 字段的 student 数据表

5. 实验内容第 5 题

分析：使用聚合函数 avg() 可以求平均值。

根据分析，参考程序代码如下：

```
import sqlite3
conn = sqlite3.connect("D:/studentinfo.db")
cur = conn.cursor()
cur.execute("SELECT avg(score) AS 平均成绩 FROM student")
for row in cur:
    for i in row:
        print(i)
```

运行程序，结果如图 1-19-5 所示。

6. 实验内容第 6 题

分析：使用 WHERE 子句和范围运算符 BETWEEN...AND... 可以设置条件。

根据分析，参考程序代码如下：

```
import sqlite3
conn = sqlite3.connect("D:/studentinfo.db")
cur = conn.cursor()
cur.execute("SELECT * FROM student WHERE age BETWEEN 18 AND 19")
for row in cur:
    print(row)
```

运行程序，结果如图 1-19-6 所示。

```
========================== RESTART: D:\实验19\实验19.5.py
====
88.8
```

图 1-19-5　实验内容第 5 题程序运行结果

```
========================== RESTART: D:\实验19\实验19.6.py
====
('202452125101', '肖青可', '女', '89', '2024-08-26', 18)
('202459225109', '杨林峰', '男', '82', '2024-08-26', 18)
('202459455101', '王嘉明', '男', '93', '2024-08-26', 19)
('202459225220', '程英', '女', '95', '2024-08-26', 18)
```

图 1-19-6　实验内容第 6 题程序运行结果

7. 实验内容第 7 题

分析：使用 DROP 命令可以删除数据表。

根据分析，参考程序代码如下：

```
import sqlite3
conn = sqlite3.connect("D:/studentinfo.db")
cur = conn.cursor()
cur.execute("DROP TABLE student")
conn.commit()
cur.close()
conn.close()
```

19.4　提高操作

1. 将 student 数据表中性别为“女”的学生的年龄增加 1 岁。

2. 求 student 数据表中性别为"男"的学生的平均成绩。

实验 20　常用组件的图形界面设计

20.1　实验目的
1. 理解并掌握图形用户界面设计的方法与技巧。
2. 掌握界面中组件布局方法，掌握常用属性与方法的设置与使用技巧。
3. 掌握常用组件的使用方法：标签（Label）、文本框（Entry、Text）、按钮（Button）、单选按钮（Radiobutton）、框架（Frame、LabelFrame）、复选框（Checkbutton）、列表框（Listbox）等。
4. 掌握多组件图形用户界面的设计技巧。

20.2　实验内容
1. 设计"各类计算"界面，完成"求偶数之和"及"求奇数之积"功能，如图 1-20-1 所示。在"请输入一个正整数"文本框中输入一个正整数，然后单击"求偶数之和"或"求奇数之积"按钮，分别计算不大于该正整数的所有偶数之和或所有奇数之积，把计算结果显示在"计算结果为"的右侧标签中，单击"退出"按钮关闭窗口。图 1-20-1 为输入正整数 10 之后得到的结果。

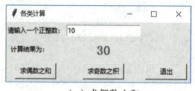　

（a）求偶数之和　　　　　　　　　　　　（b）求奇数之积

图 1-20-1　"各类计算"界面

2. 设计一个显示 N*N 方阵界面，如图 1-20-2 所示。在文本框中输入方阵的行数（N），单击"显示"按钮，在右侧显示指定数字的 N*N 方阵。要求显示的方阵中，主对角线上与次对角线上的元素为"A"（A 的左侧有一个空格），其他元素为"B"（B 的左侧有一个空格）。例如，当输入 5 时，显示的方阵如图 1-20-2（b）所示。

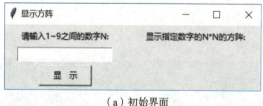　

（a）初始界面　　　　　　　　　　　　（b）输出 5*5 矩阵

图 1-20-2　"显示方阵"界面

3. 党的二十大报告提出"加快转变超大特大城市发展方式，实施城市更新行动，加强城市基础设施建设，打造宜居、韧性、智慧城市。"根据住房和城乡建设部于 2022 年 10 月公布的《2021 年城市建设统计年鉴》，截至 2021 年末，全国共有超大城市 8 个，分别为上海、北京、深圳、重庆、广州、成都、天津、武汉。全国特大城市 11 个，分别为杭州、东莞、西安、郑州、南京、济南、合肥、沈阳、青岛、长沙、哈尔滨。设计一个"选择城市"界面，如图 1-20-3 所示，将这 19 个城市名单录入，显示在左侧列表框中。通过中间的按钮，将选择的单个城市移到右侧列表框中，或者将左侧的所有城市一次性移到右侧列表中，反之亦然。

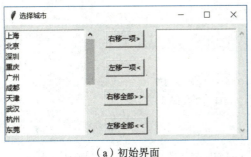

（a）初始界面　　　　　　　　　　（b）选择城市

图 1-20-3 "选择城市"界面

4. 设计一个数值型数据排序的界面，如图 1-20-4 所示。上面三个文本框中分别输入三个数值型数据，比较它们的大小，并将其按指定顺序排序，结果放入下面三个文本框中。图 1-20-4 所示的是当输入 10.6、-6.5 和 8 后，分别选择升序及降序后得到的排序结果。

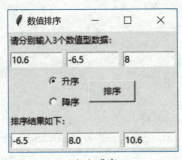 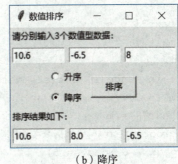

（a）升序　　　　　　　　　　　　（b）降序

图 1-20-4 "数值排序"界面

5. 设计一个"数字时钟"显示器，如图 1-20-5 所示。在文本框中显示系统的当前时间，每隔一秒文字颜色在红色和蓝色之间变换。

（a）红色　　　　　　　　　　　　（b）蓝色

图 1-20-5 "数字时钟"界面

20.3 实验步骤

1. 实验内容第 1 题

分析：根据图 1-20-1 所示，该窗口的标题名为"各类计算"，窗口中包括以下组件：两个标签，分别用来显示提示信息；一个单行文本框，用来输入正整数；需要在"计算结果为："的右侧显示带格式的计算结果，因此可以使用一个标签来显示信息；三个按钮，分别用来实现"求偶数之和"、"求奇数之积"及"退出"操作，各个按钮需关联相应的事件处理函数。"退出"按钮用来关闭登录窗口，可调用主窗口的 destroy() 方法实现。

根据分析，参考程序代码如下：

```python
from tkinter import *
myroot = Tk()
myroot.title("各类计算")
Label(myroot, text = "请输入一个正整数：").grid(row = 0)
Label(myroot, text = "计算结果为：        ").grid(row = 1)
v = StringVar()
ety = Entry(myroot, textvariable = v)
lb = Label(myroot, text = '', fg = "red", font = ("隶书", 18, "bold"))
ety.grid(row = 0, column = 1, padx = 3, pady = 5)
lb.grid(row = 1, column = 1, padx = 3, pady = 5)
def even_add():
    s = 0
    for i in range(0, int(ety.get()) + 1, 2):
        s += i
    lb["text"] = s
def odd_mult():
    m = 1
    for i in range(1, int(ety.get()) + 1, 2):
        m *= i
    lb["text"] = m
Button(myroot, text = "求偶数之和", width = 10, command = even_add).grid(row = 3, column = 0, padx = 6, pady = 5)
Button(myroot, text = "求奇数之积", width = 10, command = odd_mult).grid(row = 3, column = 1, padx = 6, pady = 5)
Button(myroot, text = "退出", width = 10, command = myroot.destroy).grid(row = 3, column = 2, padx = 6, pady = 5)
myroot.mainloop()
```

2. 实验内容第 2 题

分析：根据图 1-20-2 所示，该窗口的标题名为"显示方阵"，窗口中包括两个标签，一个单行文本框，一个按钮，后面的方阵显示在第三个标签中。按钮需关联相应的事件处理函数，该函数根据输入的数字 N，生成 N*N 的方阵。

根据分析，参考程序代码如下：

```python
from tkinter import *
def sq_array():
    str1 = []
    n = int(v.get())
    for i in range(1, n + 1):
        for j in range(1, n + 1):
```

```
                    if i == j or i + j == n + 1: str1.append(" A")
                    else: str1.append(" B")
            str1.append("\n")
        lb["text"] = ''.join(str1)                        # 链接成一个字符串
myroot = Tk()
myroot.title("显示方阵")
Label(myroot, text = "请输入1~9之间的数字N:").grid(row = 0, column = 0, padx = 25, pady = 5)
Label(myroot, text = "显示指定数字的N*N的方阵:").grid(row = 0, column = 1, padx = 25, pady = 5)
v = StringVar()
ety1 = Entry(myroot, textvariable = v)
ety1.grid(row = 1, column = 0, padx = 3)
lb = Label(myroot, text = '')
lb.grid(row = 1, column = 1, rowspan = 3, padx = 3, pady = 5)
Button(myroot, text = "显  示", width = 10, command = sq_array).grid(row = 2, padx = 6,  pady = 5)
myroot.mainloop()
```

3. 实验内容第 3 题

分析：根据图 1-20-3 所示，该窗口的标题名为"城市选择"，窗口中包括：左侧为带垂直滚动条的列表框，右侧为带垂直滚动条的列表框，中间四个按钮。窗口中共有八个组件，可以用 Frame 框架来建立，共三个框架，用 grid() 方法布局。第一个 Frame 框架包含左侧列表框和滚动条；第二个框架包括四个按钮（右移一项 >、左移一项 <、右移全部 >> 和左移全部 <<）；第三个框架包括右侧的列表框和滚动条。设置列表框和滚动条的属性，使他们进行关联。分别编写四个按钮的事件处理函数，用来实现向右移动一项，向左移动一项，全部向右移动及全部向左移动的功能。

根据分析，参考程序代码如下：

```
from tkinter import *
def dbtl():
    for x in lstl.curselection():
        lstr.insert(END, lstl.get(x))
        lstl.delete(x)
def dbtr():
    for y in lstr.curselection():
        lstl.insert(END, lstr.get(y))
        lstr.delete(y)
def dbtl_all():
    n = lstl.size()
    for h in range(n):
        lstr.insert(END, lstl.get(h))
    lstl.delete(0, n - 1)
```

```python
    def dbtr_all():
        n = lstr.size()
        for i in range(n):
            lstl.insert(END, lstr.get(i))
        lstr.delete(0, n - 1)
myroot = Tk()
myroot.title("选择城市")
cite = ['上海', '北京', '深圳', '重庆', '广州', '成都', '天津', '武汉', '杭州', '东莞', '西安',\
        '郑州', '南京', '济南', '合肥', '沈阳', '青岛', '长沙', '哈尔滨']
fr1 = Frame(myroot)
fr2 = Frame(myroot)
fr3 = Frame(myroot)
fr1.grid(row = 0, column = 0)
fr2.grid(row = 0, column = 1)
fr3.grid(row = 0, column = 2)
lstl = Listbox(fr1)
lstr = Listbox(fr3)
for item in cite:
    lstl.insert(END, item)
lstl.pack(side = LEFT, fill = BOTH)
lstr.pack(side = LEFT, fill = BOTH)
slbl = Scrollbar(fr1)
slbr = Scrollbar(fr3)
slbl.pack(side = RIGHT, fill = Y)
slbr.pack(side = RIGHT, fill = Y)
lstl.config(yscrollcommand = slbl.set)
lstr.config(yscrollcommand = slbr.set)
slbl.configure(command = lstl.yview)
slbr.configure(command = lstr.yview)
btl = Button(fr2, text = "右移一项>", command = dbtl)
btl.grid(row = 0, column = 1, padx = 15, pady = 10)
btr = Button(fr2, text = "左移一项<", command = dbtr)
btr.grid(row = 1, column=1, padx = 15, pady = 10)
btl_all = Button(fr2, text = "右移全部>>", command = dbtl_all)
btl_all.grid(row = 2, column = 1, padx = 15, pady = 10)
btr_all = Button(fr2, text = "左移全部<<", command = dbtr_all)
btr_all.grid(row = 3, column = 1, padx = 15, pady = 10)
myroot.mainloop()
```

4. 实验内容第 4 题

分析：根据图 1-20-4 所示，该窗口的标题名为"数值排序"，窗口中的组件较多，但布局比较规范，可以结合 Frame 框架来进行布局。相关的组件包括：2 个标签，分别用来提示"请分别输入 3 个数值型数据："和"排序结果如下："，需要设置为靠左。将上面的 3 个单行文本框以一个框架组合，用于数据的输入。2 个单选按钮"升序"和"降序"以及按钮"排序"以一个框架进行组合。同理，最下面 3 个单行文本框也用一个框架进行组合，用于排序后结果的显示。"排序"按钮需要关联事件处理函数，用来实现数据的排序操作（需要根据选择的升序或降序来确定）。

根据分析，参考程序代码如下：

```
from tkinter import *
myroot = Tk()
myroot.title("数值排序")
Label(myroot, text = "请分别输入3个数值型数据：").grid(row = 0, column = 0, sticky = 'w')
fr1 = Frame(myroot)
fr1.grid(row = 1, column = 0)
fr2 = Frame(myroot)
fr2.grid(row = 2, column = 0)
Label(myroot, text = "排序结果如下：").grid(row = 3, column = 0, sticky = 'w')
fr3 = Frame(myroot)
fr3.grid(row = 4, column = 0)
v1 = StringVar()
v2 = StringVar()
v3 = StringVar()
ety1 = Entry(fr1, textvariable = v1, width = 10)
ety1.grid(row = 0, column = 0, padx = 3, pady = 5)
ety2 = Entry(fr1, textvariable = v2, width = 10)
ety2.grid(row = 0, column = 1, padx = 3, pady = 5)
ety3 = Entry(fr1, textvariable = v3, width = 10)
ety3.grid(row = 0, column = 2, padx = 3, pady = 5)
v = IntVar()
v.set(1)
rb1 = Radiobutton(fr2, text = "升序", variable = v, value = 1)
rb1.grid(row = 0, column= 0, padx = 1, pady = 1)
rb2 = Radiobutton(fr2, text = "降序", variable = v, value = 2)
rb2.grid(row = 1, column = 0, padx = 1, pady = 1)
def dig_sort():
    lst = []
    lst.append(float(v1.get()))
    lst.append(float(v2.get()))
    lst.append(float(v3.get()))
    lst.sort()
    if int(v.get()) == 2:
        v4.set(lst[2])
        v5.set(lst[1])
```

```
            v6.set(lst[0])
        else:
            v4.set(lst[0])
            v5.set(lst[1])
            v6.set(lst[2])
bt = Button(fr2, text = "排序", command = dig_sort, width = 8)
bt.grid(row = 0, column = 1, rowspan = 2, padx = 8, pady = 8)
v4 = StringVar()
v5 = StringVar()
v6 = StringVar()
ety4 = Entry(fr3, textvariable = v4, width = 10)
ety4.grid(row = 0, column = 0, padx = 3, pady = 5)
ety5 = Entry(fr3, textvariable = v5, width = 10)
ety5.grid(row = 0, column = 1, padx = 3, pady = 5)
ety6 = Entry(fr3, textvariable = v6, width = 10)
ety6.grid(row = 0, column = 2, padx = 3, pady = 5)
myroot.mainloop()
```

运行该程序，输入三个数值型数据，选择排序方法，单击"排序"按钮，可以得到排序结果。实际上，本程序稍加调整，就能对非数值数据进行排序，例如英文字母、汉字、标点符号等。将程序中的三条核心语句：lst.append(float(v1.get()))、lst.append(float(v2.get()))、lst.append(float(v3.get())) 分别改为：lst.append(v1.get())、lst.append(fv2.get())、lst.append(v3.get()) 即可。图 1-20-6（a）所示的为英文字符串升序排序的结果，图 1-20-6（b）所示的为汉字降序排序的结果。当然，为了更加准确，可以将提示信息也一并进行调整，读者可自行尝试。

（a）英文字符串升序

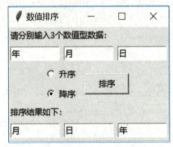
（b）汉字降序

图 1-20-6　非数值数据排序

5. 实验内容第 5 题

分析：根据图 1-20-5 所示，该窗口的标题名为"数字时钟"，窗口中包括一个单行文本框，用来显示系统时间。时间获取可利用 strftime() 函数，根据时、分、秒格式获取，并根据秒的值来变换颜色，例如秒为奇数时红色，秒为偶数时蓝色。时间的更新可通过 after() 方法实现。

根据分析，参考程序代码如下：

```
from tkinter import *
```

```
from time import *
myroot = Tk()
myroot.title("数字时钟")
myroot.geometry('350x120+80+80')
def g_time():
    v.set(strftime("%H:%M:%S"))
    if int(strftime("%S"))%2 == 0: tex["fg"] = 'blue'
    else: tex["fg"] = 'red'
    myroot.after(1000, g_time)
v = StringVar()
tex = Entry(myroot, textvariable = v, justify = CENTER, font = ("微软雅黑", 50, "bold"))
tex.pack(padx = 5, pady = 10)
g_time()
myroot.mainloop()
```

20.4 实验提高

1. 设计一个计算电费的界面，如图 1-20-7 所示，计算电费的公式为：

$$y = \begin{cases} 0.588x & x \leq 130 \\ 0.588x+(x-130)\times 0.05 & 130 < x \leq 300 \\ 0.588x+170\times 0.05+(x-300)\times 0.25 & x > 300 \end{cases}$$

其中 x 为每月用电度数，y 为电费总价（保留两位小数）。当用户在用电度数文本框中输入度数并按回车键后，在电费总价文本框中自动显示应交的电费。

图 1-20-7　计算电费的界面

2. 设计一个显示由字符构成的三角形状界面，如图 1-20-8 所示。通过在文本框中输入的值确定三角形的行数，输出由字符 A、B、C、……构成的三角形状。

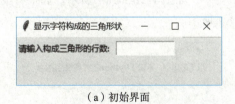

（a）初始界面

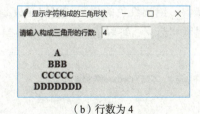

（b）行数为 4

图 1-20-8　显示由字符构成的三角形状界面

实验 21　拓展图形界面设计及应用

21.1　实验目的

1. 掌握其他组件的使用方法，例如微调框、对话框等。
2. 掌握各种菜单的设计方法与技巧。

3. 掌握利用画布提供的函数进行图形绘制。

4. 掌握利用 turtle 提供的函数进行图形绘制。

21.2 实验内容

1. 设计一个利用微调框改变字体颜色的界面，如图 1-21-1 所示。标签中文本信息的颜色随红、绿、蓝微调框值的变化而自动变化。

2. 设计一个"快捷菜单"界面，实现快捷菜单的操作。在界面中的任意位置右击，将弹出一个快捷菜单，如图 1-21-2（a）所示，单击其中某项命令，可实现相应的操作。单击"打开…"命令，将弹出"打开"文件对话框，如图 1-21-2（b）所示，也可在界面中按组合键【Ctrl+O】实现。"另存为…"用来弹出"另存为"文件对话框，也可按组合键【Ctrl+S】实现，"退出"用来实现关闭窗口功能。

图 1-21-1　改变字体颜色界面

（a）菜单

（b）"打开"对话框

图 1-21-2　快捷菜单界面

3. 设计一个单选题操作界面，如图 1-21-3 所示。选择其中一个答案时，答题框里出现该题答案，如果答案错误，给出红色的提示"答错了，请重试！"，如图 1-21-3（a）所示。如果答案正确，给出绿色的提示"恭喜，答对了！"，如图 1-21-3（b）所示。

（a）答错提示

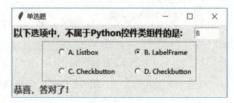

（b）答对提示

图 1-21-3　单选题操作界面

4. 制作一幅七色彩虹图案，如图 1-21-4 所示。彩虹颜色由外到内分别为 red、orange、yellow、green、blue、cyan、purple、white。

5. 根据指定画笔速度，制作一幅奥运五环图案，如图 1-21-5 所示。五环颜色分别为 blue、black、red、yellow、green。

图 1-21-4　七色彩虹图集

图 1-21-5　奥运五环图案

21.3　实验步骤

1. 实验内容第 1 题

分析： 根据图 1-21-1 所示，该窗口的名称为"颜色变换"，窗口中包括以下组件：四个标签对象，分别用来显示信息"文化自信""红色（0～255）：""绿色（0～255）：""蓝色（0～255）："，三个微调框。根据它们的位置关系，可用 grid() 方法进行布局。通过微调框的上箭头及下箭头可实现对应红、绿、蓝颜色值的微调，该值将用于调整"文化自信"的颜色，因此需要编写相应的事件处理函数。标签属性 fg 用来控制颜色，但除默认的、给定的颜色外，并没有提供所有的颜色值，因此需要将 RGB 值转换成对应的十六进制颜色值才能获取任意颜色值，故事件处理函数中需要对获得的 R、G、B 值进行转换，得到对应的十六制颜色值。

根据分析，参考程序代码如下：

```
from tkinter import *
myroot = Tk()
myroot.title("颜色变换")
def color_choose():
    r, g, b = v_r.get(), v_g.get(), v_b.get()
    r_16 = str(hex(int(r)))[2:]
    g_16 = str(hex(int(g)))[2:]
    b_16 = str(hex(int(b)))[2:]
    if len(r_16) == 1:
        r_16 = '0' + r_16
    if len(g_16) == 1:
        g_16 = '0' + g_16
    if len(b_16) == 1:
        b_16 = '0' + b_16
    color_16 = f"#{r_16}{g_16}{b_16}"          # 将RGB转换为16进制
    lb["fg"] = color_16
v_r = IntVar()
v_r.set(0)
v_g = IntVar()
v_g.set(0)
v_b = IntVar()
```

```
    v_b.set(0)
    lb = Label(myroot, text = "文化自信", width = 16, font = ("微软雅黑", 20, "bold"),
padx = 5, pady = 5)
    lb.grid(row = 0, column = 0, columnspan = 2)
    Label(myroot, text= "红色（0~255）: ", pady = 5).grid(row = 1, column = 0)
    sb_r = Spinbox(myroot,from_ = 0, to = 255, width = 8, command = color_choose,
textvariable = v_r)
    sb_r.grid(row = 1, column = 1)
    Label(myroot, text = "绿色（0~255）: ", pady = 5).grid(row = 2, column = 0)
    sb_g = Spinbox(myroot, from_ = 0, to = 255, width = 8, command = color_choose,
textvariable = v_g)
    sb_g.grid(row = 2, column = 1)
    Label(myroot, text = "蓝色（0~255）: ", pady = 5).grid(row = 3, column = 0)
    sb_b = Spinbox(myroot, from_ = 0, to = 255, width = 8, command = color_choose,
textvariable = v_b)
    sb_b.grid(row = 3, column = 1)
    myroot.mainloop()
```

2. 实验内容第 2 题

分析：根据图 1-21-2 所示，该窗口的标题名为"快捷菜单"。利用 Menu() 方法可创建菜单栏，通过 add_command() 方法添加菜单项"打开…""另存为…""退出"。同时，通过 accelerator 属性设置快捷键，利用 add_separator() 方法添加分隔条。在窗口中任意位置右击，对应的事件为 <Button-3>，然后绑定主窗口，并调用事件处理函数返回鼠标当前位置，即快捷菜单出现的位置。让菜单项执行操作，需要建立相应的事件处理函数，并和菜单项的 command 属性进行关联。事件处理函数分别用来实现弹出"打开"文件对话框和"另存为"文件对话框，如图 1-21-2（b）所示。由于快捷键是一种按键行为，需要重新建立事件处理函数来响应快捷键【Ctrl+O】（打开）和【Ctrl+S】（保存），分别用来弹出"打开"文件对话框和"另存为"文件对话框。"退出"命令可使用 destroy() 方法来关闭窗口。

根据分析，参考程序代码如下：

```
    from tkinter import *
    from tkinter.filedialog import *
    myroot = Tk()
    myroot.title("快捷菜单")
    def pop_up(event):
        fmenu.post(event.x_root, event.y_root)
    def file_open1():
        askopenfilename(initialdir = " D:\\实验21", filetypes = [("Python files",
"*.py;*.pyi;*.pyw"), ("Text files", "*.txt"), ("All files", "*.*")])
    def file_save1():
        asksaveasfilename(initialdir = "D:\\实验21", filetypes = [("Python files",
"*.py;*.pyi;*.pyw"), ("Text files", "*.txt"), ("All files", "*.*")])
```

```
    def file_open2(event):
        askopenfilename(initialdir = "D:\\实验21", filetypes = [("Python files",
"*.py;*.pyi;*.pyw"), ("Text files", "*.txt"), ("All files", "*.*")])
    def file_save2(event):
        asksaveasfilename(initialdir = "D:\\实验21", filetypes = [("Python files",
"*.py;*.pyi;*.pyw"), ("Text files", "*.txt"), ("All files", "*.*")])
    fmenu = Menu(myroot, tearoff = False)
    fmenu.add_command(label = "打开…", command = file_open1, accelerator = "Ctrl+O")
    fmenu.add_command(label = "另存为…", command = file_save1, accelerator = "Ctrl+S")
    fmenu.add_separator()
    fmenu.add_command(label = "退出", command = myroot.destroy )
    myroot.bind("<Button-3>", pop_up)
    myroot.bind ("<Control-o>", file_open2); myroot.bind ("<Control-O>", file_open2)
    myroot.bind ("<Control-s>", file_save2); myroot.bind ("<Control-S>", file_save2)
    myroot.mainloop()
```

3. 实验内容第 3 题

分析：根据图 1-21-3 所示，该窗口的名称为"单选题"，窗口中涉及多个组件，为了便于布局，可采用框架（Frame）组件。第一个框架包括选择题的题干描述（使用 Label 组件）和答案序号（使用 Entry 组件），框架边框线隐藏。第二个框架用于布局四个待选项（使用 Radiobutton 组件），框架边框线为 groove。最下面一个为标签组件，用于显示提示信息。编写单选按钮组件的事件处理函数，用来判断答案是否正确并显示提示信息。

根据分析，参考程序代码如下：

```
from tkinter import *
myroot = Tk()
myroot.title("单选题")
def sg_choose():
    n = radio_v.get()
    if n == 1:
        text_v.set("A")
        lb2["text"] = "答错了，请重试！"
        lb2["fg"] = "red"
        et["fg"] = "red"
    if n == 2:
        text_v.set("B")
        lb2["text"] = "恭喜，答对了！"
        lb2["fg"] = "green"
        et["fg"] = "green"
    if n == 3:
        text_v.set("C")
        lb2["text"] = "答错了，请重试！"
```

```
            lb2["fg"] = "red"
            et["fg"] = "red"
        if n == 4:
            text_v.set("D")
            lb2["text"] = "答错了,请重试!"
            lb2["fg"] = "red"
            et["fg"] = "red"
    fm1 = Frame(myroot)
    fm1.grid(row = 0, column = 0)
    lb = Label(fm1, text = "以下选项中,不属于Python控件类组件的是:", font = ("微软雅黑", 12, "bold"))
    lb.grid(row = 0, column = 0)
    text_v = StringVar()
    radio_v = IntVar()
    et = Entry(fm1, textvariable = text_v, fg = "red", width = 6)
    et.grid(row = 0,column = 1, padx = 15, pady = 5)
    fm2 = Frame(myroot, relief = 'groove', bd = 2)
    fm2.grid(row = 1, column = 0)
    rd1 = Radiobutton(fm2, text = "A. Listbox", variable = radio_v, value = 1, command = sg_choose, padx = 25, pady = 5)
    rd1.grid(row = 0, column = 0, sticky = "w")
    rd2 = Radiobutton(fm2, text = "B. LabelFrame", variable = radio_v, value = 2, command = sg_choose, padx = 5, pady = 5)
    rd2.grid(row = 0, column = 1, sticky = "w")
    rd3 = Radiobutton(fm2, text = "C. Checkbutton", variable = radio_v, value = 3, command = sg_choose, padx = 25, pady = 5)
    rd3.grid(row = 1,column = 0, sticky = "w")
    rd4 = Radiobutton(fm2, text = "D. Checkbutton", variable = radio_v, value = 4, command = sg_choose, padx = 5, pady = 5)
    rd4.grid(row = 1, column= 1, sticky = "w")
    lb2 = Label(myroot, text = "", fg = "red", font = ("微软雅黑", 12, "bold"))
    lb2.grid(row = 2, column = 0, sticky = "w")
    myroot.mainloop()
```

4. 实验内容第 4 题

分析：根据图 1-21-4 所示,该窗口的名称为"彩虹",窗口中是由多个有色的半圆组成的彩虹,彩虹颜色由外到内为 red、orange、yellow、green、blue、cyan、purple、white。这些半圆为同心半圆,可用 Canvas 中的 create_arc() 方法实现,而绘制多个半圆可用 for 循环结构实现,利用颜色填充功能可实现不同颜色的填充。

根据分析,参考程序代码如下:

```
from tkinter import *
myroot = Tk()
```

```
myroot.title("彩虹")
cv = Canvas(myroot, width = 500, height = 250)
cv.pack()
k = 30
color = ["red", "orange", "yellow", "green", "blue", "cyan", "purple", "white"]
for i in range(0, 8):
    cv.create_arc(5 + k, 5 + k, 500 - k, 500 - k, start = 0, extent = 180, width = 2, outline = color[i], fill = color[i])
    k += 20
myroot.mainloop()
```

5. 实验内容第 5 题

分析：根据图 1-21-5 所示，该窗口的名称为"奥运五环"，五环由五个不同颜色的圆环构成，五种颜色分别为 blue、black、red、yellow、green。在绘制时可用 turtle 中的 goto() 进行精确定位，利用 circle() 绘制圆环，利用填充方法进行颜色填充，利用 speed() 控制绘制速度。

根据分析，参考程序代码如下：

```
from turtle import *
title("奥运五环")
sp = eval(input("请输入绘制速度:"))      # 输入绘制速度
speed(sp)
size = 50                                # 圆环尺寸
pensize(12)                              # 绘制蓝色圆环
color("blue")
up()
goto(-120, 0)
down()
circle(size)
color("black")                           # 绘制黑色圆环
up()
goto(0, 0)
down()
circle(size)
color("red")                             # 绘制红色圆环
up()
goto(120, 0)
down()
circle(size)
color("yellow")                          # 绘制黄色圆环
up()
goto(-60, -50)
down()
circle(size)
```

```
color("green")                    # 绘制绿色圆环
up()
goto(60, -50)
down()
circle(size)
```

21.4 实验提高

1. 设计一个"时钟"界面，如图 1-21-6 所示，有表盘（绿色）、刻度及数字（黑色）、时针（黑色）、分针（绿色）及秒针（红色）。

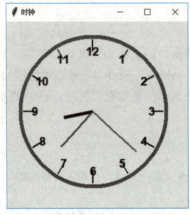

图 1-21-6 时钟

第 2 部分 习题集及参考答案

习题 1　Python 语言概述

1. 以下选项中，不属于 Python 语言的运行环境的是（　　）。
   A. Python Shell　　　B. Visual Studio　　　C. Vim　　　D. Jupyter
2. Python 源代码文件的后缀名是（　　）。
   A. pdf　　　B. pass　　　C. txt　　　D. py
3. Python 语言的语句块标记是（　　）。
   A. 分号　　　B. 逗号　　　C. 缩进　　　D. { }
4. Python 语言属于（　　）。
   A. 高级语言　　　B. 自然语言　　　C. 汇编语言　　　D. 机器语言
5. Python 语言中，注释的标识符是（　　）。
   A. :　　　B. #　　　C. !　　　D. $
6. 下列关于 Python 语言的表述，不正确的是（　　）。
   A. Python 是一种解释型程序设计语言　　　B. Python 是一种面向对象的程序设计语言
   C. Python 是一种动态数据类型程序设计语言　　　D. Python 是一种编译型程序设计语言
7. 下列可以用作多行注释的是（　　）。
   A. 前后加 ###　　　B. 前后加 '''　　　C. 前后加 ///　　　D. 前后加 ***
8. 以下对 Python 程序缩进格式描述错误的选项是（　　）。
   A. 不需要缩进的代码项行写，前面不能留空白
   B. 缩进可以用【Tab】键实现，也可以用多个空格实现
   C. 严格的缩进可以约束程序结构，可以多层缩进
   D. 缩进是用来美化 Python 程序的格式
9. 关于 Python 语言的注释，以下选项中描述错误的是（　　）。
   A. 单行注释以 # 开头
   B. 单行注释以单引号 ' 开头
   C. 多行注释以 ''' （三个单引号）开头和结尾

D. Python 语言有两种注释方式：单行注释和多行注释

10. 下列软件中，能编辑 Python 程序的是（　　）。

    A. Adobe Photoshop   B. IDLE   C. Windows Media Player   D. Sql Server

习题 2　数据表示与输入输出

1. 下列标识符命名中，符合规范的是（　　）。

    A. 3_a   B. if   C. Age_1   D. a#b

2. 下面选项中，不是 Python 合法变量名的是（　　）。

    A. int_1   B. 1st   C. apple_Price   D. name

3. 如要使变量 a 的值为整数 5，下列赋值语句写法正确的是（　　）。

    A. a='5'   B. a="5"   C. 5=a   D. a=5

4. 下面选项中，可以返回变量的类型的函数是（　　）。

    A. input   B. type   C. print   D. id

5. 以下代码执行后，print 语句的输出结果是（　　）。

```
c = 3 + 4
c = "hello"
print(type(c))
```

    A. <class 'str'>   B. <class 'int'>
    C. 什么都不会输出   D. 以上都不正确

6. 一般情况下整数用十进制表示，如果用其他进制表示一个数，以下描述错误的是（　　）。

    A. 0b1010 表示一个二进制数   B. 0x1010 表示一个十六进制数
    C. 0o1010 表示一个八进制数   D. 1010b 表示一个二进制数

7. 下列选项中，不是 Python 支持的数据类型的选项是（　　）。

    A. char   B. int   C. float   D. str

8. 下列选项中，不是 Python 关键字的选项是（　　）。

    A. if   B. for   C. num   D. while

9. 执行下列程序后输出的结果为（　　）。

```
x = 5 + 4j
y = 6 - 3j
print(x + y)
```

    A. 11   B. 11+1j   C. (11+1j)   D. 1j

10. 以下选项中两个都是正确的字符串数据的是（　　）。

    A. 'abc'、'ab'   B. 'abc'、'ab'   C. "abc"、ab'   D. "abc"、'ab'

11. 赋值语句 a=b=c=1+2+3 执行后，a,b,c 的值分别是（　　）。

    A. 1 2 3   B. 6 6 6   C. 1 1 1   D. 以上都不对

12. Python 的算术运算符不包括（　　）。

    A. %   B. *   C. //   D. \n

13. 执行下列程序后,输出的结果为( )。

```
a = 3
b = 3
a = a ** b
print(a)
```

A. 6　　　　　　B. 9　　　　　　C. 18　　　　　　D. 27

14. 执行下列程序后输出的结果为( )。

```
a = 33
b = a % 4
print(b)
```

A. 1　　　　　　B. 2　　　　　　C. 3　　　　　　D. 4

15. 执行语句 print(100-25%3),输出结果是( )。

A. 1　　　　　　B. 0　　　　　　C. 92　　　　　　D. 99

16. 执行下列程序后输出的结果为( )。

```
s1 = '嘉兴'
s2 = '南湖'
print(s1 + s2)
```

A. 嘉兴南湖　　　B. 嘉兴　　　　　C. 嘉南　　　　　D. 以上选项都不对

17. 表达式 3 and 4 的结果为( )。

A. True　　　　　B. False　　　　　C. 3　　　　　　D. 4

18. 执行下列程序后输出的结果为( )。

```
x = False
y = True
print(x + y)
```

A. True　　　　　B. False　　　　　C. 0　　　　　　D. 1

19. 下列表达式的值为 True 的是( )。

A. 6>6　　　　　B. 4>2==2　　　　C. 3>5 and 2==2　　D. 3-8>5

20. 下列表达式的值为 True 的是( )。

A. 若 a=4, b=5, 则 a>b　　　　　　B. "china"="China"
C. "that"<"this"　　　　　　　　　D. 若 a=4, b="5", 则 a<b 的值

21. 能正确表示"只需满足 a 大于等于 20 和 a 小于等于 0 两个条件中的一个即可"的条件表达式是( )。

A. a>=20 and a<=0　　　　　　　B. a>=20 or a<=0
C. a>=20 && a<=0　　　　　　　　D. a>=20 | a<=0

22. 在 Python 中常用的输入输出语句分别是( )。

A. input( ) 和 output( )　　　　　　B. input( ) 和 print( )
C. input( ) 和 printf( )　　　　　　　D. scanf( ) 和 printf( )

23. 在 Python 中，运行下列程序，从键盘接收的数据分别是 15 和 20，输出结果是（　　）。

```
a = int(input())
b = int(input())
print(a + b)
```

A. 1520　　　　B. 35　　　　C. 20　　　　D. 15

24. 在 Python 中，运行下列程序，从键盘接收的数据分别是 7 和 8，输出结果是（　　）。

```
a = input()
b = input()
print(a + b)
```

A. 78　　　　B. 15　　　　C. 7　　　　D. 8

25. 在 Python 中，运行下列程序，从键盘接收的数据分别是 2 和 4，输出结果是（　　）。

```
a = int(input())
b = int(input())
print(a ** b)
```

A. 6　　　　B. 8　　　　C. 16　　　　D. 32

26. 在 Python 中，运行下列程序，输出结果是（　　）。

```
a = 100
b = 80
b = a + 5
print(b)
```

A. 5　　　　B. 80　　　　C. 85　　　　D. 105

27. 下列程序最终输出的结果是（　　）。

```
m = 234
s1 = m // 100
s2 = m // 10 % 10
print(s1, s2)
```

A. 3 2　　　　B. 4 2　　　　C. 2 3　　　　D. 2 4

28. 执行语句 print(215//10)，输出结果是（　　）。

A. 5　　　　B. 21　　　　C. 2.15　　　　D. 21.5

29. 关于赋值语句，以下选项中描述错误的是（　　）。

A. 赋值语句采用符号 = 表示　　　　B. 赋值与二元操作符可以组合，如 +=
C. a, b = b, a 可以实现 a 和 b 值的互换　　　　D. a, b, c = b, c, a 是不合法的

30. 有下面的程序：

```
a = 2
print(a, 3, sep = ",")
```

运行后的输出结果是（　　）。

A. a 3　　　　B. 2 3　　　　C. 2,3　　　　D. a,3

31. input 函数返回的数据类型是（   ）。
    A. 字符串类型 str   B. 整型 int
    C. 取决于用户输入的内容   D. 不知道

32. 表达式 eval("300/10") 的结果为（   ）。
    A. "300/10"   B. 300/10   C. 30   D. 30.0

33. 表达式 eval("3.5") 的结果为（   ）。
    A. "3.5"   B. 3.5   C. 3   D. 4

34. 表达式 '23'*3 的结果为（   ）。
    A. 69   B. 233   C. '232323'   D. 以上都不对

35. 表达式 complex(5, 3) 的结果为（   ）。
    A. 5   B. 8   C. 5+3   D. (5+3j)

36. 表达式 2*3**2 的结果为（   ）。
    A. 12   B. 16   C. 18   D. 36

37. 已知 a=3; b=5; c=6; d=True，则表达式 not d or a>=0 and a+c>b+3 的值是（   ）。
    A. True   B. False   C. 0   D. 以上都不对

38. 以下选项中，可以求字符串 x 的长度的函数是（   ）
    A. str(x)   B. chr(x)   C. ord(x)   D. len(x)

39. 在 Python 中，以下描述错误的选项是（   ）。
    A. ord() 用来返回单个字符的 Unicode 码   B. chr() 用来返回 Unicode 编码对应的字符
    C. str() 函数可以将数值转化成字符串   D. int() 函数可以四舍五入取整数

40. 关于基本输入输出函数的描述，错误的选项是（   ）。
    A. print() 函数的参数可以是一个函数，执行结果是显示函数返回的值
    B. eval() 函数的参数是 "3*4" 的时候，返回的值是整数 12
    C. 当用户输入一个整数 6 的时候，input() 函数返回的也是整数 6
    D. 当 print() 函数输出多个变量的时候，可以用逗号分隔多个变量名

41. 表达式 list(range(9, 0, -2)) 的结果为（   ）。
    A. [1, 3, 5, 7, 9]   B. [9, 7, 5, 3, 1]   C. [1, 3, 5, 7]   D. [9, 7, 5, 3]

42. 在以下选项中，值最小的是（   ）。
    A. 111   B. 0b111   C. 0o111   D. 0x111

43. 在以下表达式中，值最大的是（   ）。
    A. 2 ** 3   B. 3 ** 2   C. 20 // 2   D. 20 % 2

44. 关于标识符的描述中错误的是（   ）。
    A. 标识符是计算机语言中允许作为名字的有效字符集合。Pyhton 中标识符主要用于变量、函数、模块、对象、类等的命名
    B. Python 语言预先定义了一部分有特别意义的标识符，用于语言本身使用，称为关键字或保留字
    C. 标识符不区分大小写字母，标识符命名只能使用英文
    D. 标识符命名规则是必须以字母或下划线 "_" 开头，后跟字母、数字或下划线的任意序列

45. 表达式 1+2*3.14>0 的结果类型是（   ）。
    A. int   B. str   C. float   D. bool
46. Python 语句 print(type(1j)) 的输出结果是（   ）。
    A. <class 'complex'>   B. <class 'int'>   C. <class 'float'>   D. 1j
47. 以下内置数学运算函数选项中，可以求 x 的绝对值的是（   ）。
    A. abs(x)   B. pow(x, y)   C. round(x, 2)   D. max(x, y, z)
48. 表达式 list(range(3, 6)) 的结果为（   ）。
    A. [3, 6]   B. [3, 4, 5]   C. [6, 6, 6]   D. [3, 4, 5, 6]
49. 表达式 min(pow(2, 3), 3**3, round(3.141, 2)) 的结果为（   ）。
    A. 3   B. 3.14   C. 8   D. 9
50. 语句 print(chr(ord("A")+32)) 的执行结果为（   ）。
    A. a   B. A   C. A+32   D. 以上都不对

习题 3　程序控制结构

1. 在程序设计中，关于算法的特点，下列描述不正确的是（   ）。
    A. 有一个或多个输出   B. 只有一个输入
    C. 有效性   D. 确定性
2. 在程序设计的流程图中，表示判断的符号是（   ）。
    A. 矩形框   B. 菱形框   C. 平等四边形   D. 椭圆
3. 在 Python 中，用来表示代码块所属关系的做法是（   ）。
    A. 冒号   B. 括号   C. 花括号   D. 缩进
4. 在 Python 中，程序控制结构不包括（   ）。
    A. 分支结构   B. 顺序结构   C. 递归结构   D. 循环结构
5. 下列关于 Python 语言的描述中，正确的是（   ）。
    A. 条件 10<=12<23 是合法的，输出 True   B. 条件 10<=12<23 是合法的，输出 False
    C. 条件 10<=12<23 是不合法的   D. 条件 10<=12<23 是不合法的，抛出异常
6. 下列代码的输出结果是（   ）。

```
x = 3.1415926
print(round(x, 2), round(x))
```

    A. 2 2   B. 3 3.14   C. 3.14 3   D. 6.28 3
7. 下列代码的执行结果是（   ）。

```
str1 = '|||嘉兴学院|||'
print(str1.strip('|').replace('学院', '大学'))
```

    A. 嘉兴大学|| B. 嘉兴大学   C. ||嘉兴大学|| D. ||嘉兴大学
8. 在 Python 中，下列关于程序控制结构的描述，错误的是（   ）。
    A. Python 的单分支结构里，包含 else 语句
    B. Python 的多分支结构，既可能包含 else 语句块，又可能包含 elif 语句块

C. 使用 range(1,10) 函数，指定语句块的循环次数是 9 次

D. Python 的 for 循环结构是对遍历对象中的各元素进行处理

9. 在 Python 中，以下保留字不属于分支或循环控制结构的是（　　）。

  A. elif   B. except   C. for   D. while

10. 关于 Python 的分支结构，以下选项中描述错误的是（　　）。

  A. if...elif...else 语句描述为多分支结构   B. 分支结构使用 if 保留字

  C. if...else 语句描述为双分支结构   D. 分支结构可以向已经执行过的语句部分跳转

11. 在 Python 中，实现多路分支的最佳控制结构是（　　）。

  A. if   B. try   C. if...elif...else   D. if...else

12. 以下关于 Python 分支结构的描述中，不正确的是（　　）。

  A. Python 分支结构使用保留字 if、elif 和 else 来实现，每个 if 后面必须有 elif 或 else

  B. if...else 结构是可以嵌套的

  C. if 语句会判断 if 后面的逻辑表达式，当表达式为真时，执行 if 后续的语句块

  D. 缩进是 Python 分支语句的语法部分，缩进不正确会影响分支功能

13. 在 Python 中，以下关于分支结构的描述，不正确的是（　　）。

  A. 双分支结构是一种紧凑形式，使用保留字 if 和 elif 实现

  B. if 语句中条件表达式可以使用任何能够产生 True 和 False 的语句和函数

  C. if 语句中语句块执行与否依赖于条件判断

  D. 多分支结构用于设置多个判断条件以及对应的多条执行路径

14. 在 Python 中，下列 if 语句用于统计"成绩（score）优秀的男生（gender）和不及格的男生"的人数，正确的语句为（　　）。

  A. if gender == " 男 " and score<60 or score >= 90: n+=1

  B. if gender == " 男 " and score<60 and score >= 90: n+=1

  C. if gender == " 男 " and (score<60 or score >= 90): n+=1

  D. if gender == " 男 " or score<60 or score >= 90: n+=1

15. 执行下列代码，输出结果是（　　）。

```
if 2: print(5)
else: print(6)
```

  A. 0   B. 2   C. 5   D. 6

16. 在 Python 中，可以终止一个循环执行的语句是（　　）。

  A. exit   B. break   C. if   D. input

17. 在 Python 中，使用 for...in...方式形成的循环不能遍历的数据类型是（　　）。

  A. 字典   B. 列表   C. 浮点数   D. 字符串

18. 关于 Python 中的循环结构，以下选项描述错误的是（　　）。

  A. break 用来提前终止本层 for 或者 while 循环结构

  B. continue 语句用来提前终止当前层次的循环结构

  C. 遍历循环中的结构可以是字符串、组合数据类型和 range() 函数等

  D. 通过 for、while 等保留字提供遍历循环和无限循环结构

19. 关于 Python 中的遍历循环，以下选项描述错误的是（   ）。
    A. 遍历循环通过 for 循环结构实现
    B. 无限循环无法实现遍历循环的功能
    C. 遍历循环可以理解为从遍历对象中逐一提取元素，放在循环变量中，对于所提取的每个元素只执行一次语句块
    D. 遍历循环中的遍历对象可以是字符串、文件、组合数据类型和 range() 函数等

20. 关于 Python 中的无限循环，以下选项描述错误的是（   ）。
    A. 无限循环一直保持循环操作   B. 无限循环也称为永真循环
    C. 无限循环可通过 while 保留字构建   D. 无限循环需要提前确定循环次数

21. 在 Python 中，下列关于 break 语句与 continue 语句的叙述，不正确的是（   ）。
    A. 两条语句都须在 for、while 循环中使用
    B. break 语句终止本层循环
    C. 当多个循环语句嵌套时，break 语句只适用于最里层的语句
    D. continue 语句结束本次循环，继续执行下一次循环

22. 关于 Python 中的 while 保留字，以下描述正确的是（   ）。
    A. while True：构成死循环，程序要禁止使用
    B. while 必须提供循环次数
    C. 所有 while 循环都可以用 for 循环替代
    D. while 能够实现循环计数

23. 执行下列代码，输出结果是（   ）。

```
for s in ["shanghai", "suzhou", "hangzhou"]:
    print(s)
```

    A. shanghai
       suzhou
       hangzhou
    B. shanghai, suzhou, hangzhou
    C. shanghai suzhou hangzhou
    D. shanghai, suzhou, hangzhou,

24. 执行下列代码，输出结果是（   ）。

```
for x in range(1, 6):
    if x % 4 == 0: break
    else: print(x, end = ",")
```

    A. 1,2,3,5,   B. 1,2,3,4,   C. 1,2,3,   D. 1,2,3,5,6

25. 以下关于 Python 的循环结构的描述中，不正确的是（   ）。
    A. while 循环使用 break 保留字能够跳出所在层循环体
    B. while 循环可以使用保留字 break 和 continue
    C. while 循环也叫遍历循环，用来遍历序列类型中元素，默认提取每个元素并执行一次循环体
    D. while 循环使用 pass 语句，则什么事也不做，只是空的占位语句

26. 执行下列代码，输出结果是（　　）。

```
y = '南湖'
x = '南湖菱'
print(x > y)
```

  A. False　　　　　B. True　　　　　C. False or True　　D. None

27. s=['1', '2', '3']，以下关于 Python 的循环结构的描述，不正确的是（　　）。

  A. 表达式 for i in range(len(s)) 的循环次数跟 for i in range(0, len(s)) 的循环次数是一样的

  B. 表达式 for i in range(len(s)) 的循环次数跟 for i in s 的循环次数是一样的

  C. 表达式 for i in range(len(s)) 跟 for i in s 的循环中，i 的值是一样的

  D. 表达式 for i in range(len(s)) 的循环次数跟 for i in range(1, len(s)+1) 的循环次数是一样的

28. 在 Python 中，以下关于循环结构的描述，错误的是（　　）。

  A. 当 try 中有循环结构时，循环结构出错，会跳出循环并进入 except

  B. for 或者 while 与 else 搭配使用的时候，循环非正常结束时会执行 else

  C. break 语句执行时，会跳出 break 所在层的循环

  D. continue 语句执行时，会跳回 continue 所在层的循环开头

29. 执行下列代码，输出结果是（　　）。

```
for i in range(0, 2):
    print(i, end = " ")
```

  A. 0　　　　　　B. 0 1　　　　　C. 0 1 2　　　　　D. 1

30. 对于下列代码：

```
for k in (_____):
    print(k)
```

  下列选项中，不符合上述程序横线处的语法要求的是（　　）

  A. (1, 2, 3)　　B. {1; 2; 3; 4; 5}　　C. range(0, 10)　　D. "Hello"

31. 在 Python 中，关于 while 循环和 for 循环的区别，下列叙述正确的是（　　）。

  A. while 语句的循环体至少无条件执行一次，for 语句的循环体有可能一次都不执行

  B. while 语句只能用于循环次数未知的循环，for 语句用于循环次数已知的循环

  C. 在很多情况下，while 和 for 语句可以等价使用

  D. while 语句只能用于可迭代变量，for 语句可以用任意表达式表示条件

32. 在 Python 中，以下 for 语句不能完成 1 到 8 累加功能的是（　　）。

  A. for i in range(8,0): s+=i　　　　　　B. for i in range(1, 9): s+=i

  C. for i in range(8, 0, -1): s+=i　　　　D. for i in (8, 7, 6, 5, 4, 3, 2 ,1): s+=i

33. 在 Python 中，关于 for 循环嵌套，说法正确的是（　　）。

  A. 一个循环的循环结构中含有另外一个条件判断

  B. 一个循环的循环结构中含有另外一个不完整的循环

  C. 一个条件判断结构中包一个完整的循环

  D. 一个循环的循环结构中含有另外一个完整的循环

34. 在 Python 中，关于下列代码说法正确的是（　　）。

```
for i in range(5):
    for j in range(5):
        print("*", end = "")
print()
```

　　A. 语句 print("*", end="") 总共会运行 25 次

　　B. 语句 print() 总共会运行 25 次

　　C. 语句 print("*", end="") 总共会运行 10 次

　　D. 因为 print() 没有打印任何东西，所以可以省略，运行结果不会发生任何改变

35. 下列程序代码，正确的是（　　）。

　　A. for i in range (20)　　　　　　B. for i in range [20]

　　C. for i in range [20]:　　　　　　D. for i in range (20):

36. 给出如下代码：

```
b = 3
while b > 0:
    b -= 1
    print(b, end = " ")
```

以下选项中描述错误的是（　　）。

　　A. b-=1 等价于 b=b-1　　　　　　B. 若将 b>0 修改为 b<0，程序将进入死循环

　　C. 使用 while 保留字可创建无限循环　　D. 输出内容为 2 1 0

37. 对于下列代码：

```
k = 10
while k:
    k = k - 1
    print(k)
```

下列叙述中正确的是（　　）。

　　A. while 循环了 10 次　　　　　　B. 循环是无限循环

　　C. 循环体语句一次也不执行　　　　D. 循环体语句执行一次

38. 有以下程序段：

```
k = p = 0
while p != 100 and k < 3:
    p = int(input())
    k += 1
```

while 循环结束的条件是（　　）。

　　A. p 值不等于 100 并且 k 的值小于 3　　B. p 值等于 100 并且 k 的值大于等于 3

　　C. p 值不等于 100 或 k 的值小于 3　　　D. p 值等于 100 或 k 的值大于等于 3

39. 执行下列程序，从键盘输入 2 和 5 两个整数，结果是（　　）。

```
n = int(input())
m = int(input())
for i in range(n, m + 1):
    print("*", end = "")
```

A. * B. ** C. *** D. ****

40. 执行下列程序，结果是：冰墩墩冰墩墩雪容融，那么，横线处应填写的正确语句是（　　）。

```
for i in range(_____, 4):
    print("冰墩墩", end = "")
print("雪容融")
```

A. 0 B. 1 C. 2 D. 3

41. 下列代码的输出结果是（　　）。

```
for s in "HelloWorld":
    if s == "W":
        continue
    print(s, end = "")
```

A. Hello B. HelloWorld C. Helloorld D. World

42. 下列代码的输出结果是（　　）。

```
for s in "HelloWorld":
    if s == "W":
        break
    print(s, end = "")
```

A. HelloWorld B. Helloorld C. World D. Hello

43. 执行下列代码：

```
b = 23
a = 2
if b % 2 != 0:
    a = 1
    for x in range(a, b + 2, 2):
        print(x)
```

上述程序输出值的个数是（　　）。

A. 10 B. 12 C. 16 D. 14

44. 执行下列代码，输出结果是（　　）。

```
for x in range(1, 6):
    if x % 3 == 0:
        break
    else:
        print(x, end = ",")
```

A. 1,2,3, B. 1,2,3,4,5,6 C. 1,2, D. 1,2,3,4,5,

45. 执行下列代码，输出结果是（   ）。
```
for x in range(1, 10, 2):
    print(x, end = ",")
```
   A. 1,4,   B. 1,4,7,   C. 1,3,5,7,9,   D. 1,3,

46. 执行下列代码，输出结果是（   ）。
```
for s in "jiaxing":
    print(s, end = "")
    if s == 'a':
        break
```
   A. jia   B. ji   C. jixing   D. jiaxing

47. 给出下列代码：
```
s = input("").split(",")
x = 0
while x < len(s):
    print(s[x], end = "")
    x += 1
```
执行代码时，从键盘获得 c,d,e,f，则代码的输出结果是（   ）。
   A. 执行代码出错   B. cdef   C. 无输出   D. c,d,e,f

48. 输入数字5，下列代码的输出结果是（   ）。
```
n = eval(input("请输入一个整数:"))
s = 0
if n >= 5:
    n -= 1
    s = 4
if n < 5:
    n -= 1
    s = 3
print(s)
```
   A. 3   B. 4   C. 0   D. 2

49. 执行下列代码，输出结果是（   ）。
```
while True:
    x = eval(input())
    if x == 0x452 // 2:
        break
print(x)
```
   A. "0x452//2"   B. break   C. 0x452   D. 553

50. 执行下列代码，输出结果是（   ）。
```
for s in "jiaxingkjiaxing":
```

```
        if s == "a" or s == 'g':
            continue
    print(s, end = '')
```

  A. jixinkjixin   B. jiaxingk   C. jiaxingjiaxing D. jiaxingkjiaxing

51. 在 Python 中，下列选项描述不正确的是（ ）。

  A. 异常处理通过 try...except 语句实现

  B. 需要检测的语句必须在 try 语句块中执行，由 except 语句处理异常

  C. except 语句处理异常只能有一个分支

  D. raise 语句引发异常后，后面的语句不再执行

52. 在 Python 中，关于程序的异常处理，下列选项描述错误的是（ ）。

  A. 异常和错误概念完全相同

  B. 程序异常发生后经过妥善处理可以继续执行

  C. 当 Python 脚本程序发生了异常，如果不处理，运行结果不可预测

  D. try...except 可以在函数、循环体中使用

53. Python 异常处理中不会用到的关键字是（ ）。

  A. finally   B. else   C. try   D. if

54. 关于 Python 异常处理 try 语句块的说法，不正确的是（ ）。

  A. try 必须与 except 或 finally 块一起使用

  B. try 语句块后可以接一个或多个 except 块

  C. try 语句块后可以接一个或多个 finally 块

  D. finally 语句块中的代码始终要被执行

55. 下列代码的输出结果是（ ）。

```
a = 6
raise Exception("C")
a = a + 1
print(a)
```

  A. "a"   B. 7   C. "C"   D. Exception: C

习题 4 序列与计算

1. 已知 str1='Python'，str2='Python3.11.1'，则以下返回结果为 True 的是（ ）。

  A. str1>=str2 B. str1=str2   C. str1>str2   D. str1<=str2

2. 已知 str1=" 浙江省嘉兴市是红船精神的发源地 "，则 print(str1[7:11]) 的结果是（ ）。

  A. 红船精神   B. 是红船精   C. 传精神的   D. 红船精神的

3. 已知 str1=" 浙江省嘉兴市是红船精神的发源地 "，则 print(str1[-1::-1]) 的结果是（ ）。

  A. 地源发的神精船红是市兴嘉省江浙 B. 地

  C. 源   D. 浙

4. " 纸上得来终觉浅，绝知此事要躬行 "[6:-8] 输出（ ）。

A.'觉浅'　　　　B.'浅'　　　　C.'觉'　　　　D.','

5. 已知 s =" 世上无难事只要肯登攀 "，以下（　　）表示 " 无难事 "。
   A. s[3:6]　　　B. s[2:5]　　　C. s[3:5]　　　D. s[-8:-6]

6. "123AB456ABBA".count("AB") 结果是（　　）。
   A. 0　　　　　B. 1　　　　　C. 2　　　　　D. 3

7. 已知 s= 'abcde'，m=len(s)。欲使用索引访问字符串 s 中的字符 'c'，正确的语句是（　　）。
   A. s[m/2]　　　B. s[(m+1)/2]　　C. s[m//2]　　　D. s[(m+1)//2]

8. 已知 str1='a##b##c##d'，ls=str1.split('##', 2)，则 print(ls) 的结果为（　　）。
   A. ['a', 'b', 'c', 'd']　B. 'a', 'b', 'c', 'd'　C. ['a', 'b', 'c##d']　D. 'a', 'b', 'c##d'

9. "123AB456ABBA".replace("AB", "A") 的结果是（　　）。
   A. "123A456ABBA"　　　　　　　　B. "123AB456ABA"
   C. "123A456ABA"　　　　　　　　　D. "123A456AA"

10. 已知 str1='Python*C++*Python'，则 str1.find('Python') 返回的结果是（　　）。
    A. 0　　　　　B. 11　　　　　C. 1　　　　　D. 10

11. 字符串内置方法（　　）返回将字符串中大写转为小写、小写转换为大写后生成的字符串。
    A. lower()　　B. capitalize()　　C. upper()　　D. swapcase()

12. 已知 str1='Python'，则执行 str1.upper() 后，str1 保存的数据为字符串（　　）。
    A. PYTHON　　B. Python　　　C. python　　　D. pYTHON

13. 已知 str1="{:.2%}"，程序语句 print(str1.format(2.7182)) 的输出结果为（　　）。
    A. 0.2718　　　B. 271.82%　　C. 0.0272　　　D. 2.718

14. 与正则表达式 "^ab[0-9]+c" 匹配的字符串是（　　）。
    A. b56c　　　　B. Abc　　　　C. Abac　　　　D. A0c

15. 与正则表达式 "^(AB)?\d{10}$" 匹配的字符串是（　　）。
    A. '1234567891'　B. 'AC12345678'　C. '123456789'　D. 'BAX12345Y'

16. 切片共有（　　）个参数。
    A. 1　　　　　B. 2　　　　　C. 3　　　　　D. 4

17. 切片中，第（　　）个参数表示步长。
    A. 1　　　　　B. 2　　　　　C. 3　　　　　D. 4

18. Python 有（　　）种索引方式。
    A. 1　　　　　B. 2　　　　　C. 3　　　　　D. 4

19. （　　）方法删除字符串首尾两端的空白字符。
    A. strip()　　　B. lstrip()　　　C. rstrip()　　　D. replace()

20. 字符串中可通过（　　）运算符来获取相应索引位置的字符。
    A. ()　　　　　B. []　　　　　C. &　　　　　D. *

21. 已知 s 是字符串对象，以下选项中返回列表对象的是（　　）。
    A. s.center()　B. s.replace()　C. s.strip()　　D. s.split()

22. 以下关于字符串的描述正确的是（　　）。
    A. 字符应视为长度为 1 或 2 的字符串

B. 字符串的字符可进行数学运算，但进行数学运算的字符必须为数字

C. 在三引号字符串中可包含换行符、回车符等特殊的字符

D. 字符串可以进行切片操作并赋值

23. 以下关于 Python 字符串的描述中，错误的是（　　）。

    A. 在 Python 字符串中，可以混合使用正整数和负整数进行索引和切片操作

    B. Python 字符串采用 [N:M] 格式进行切片操作，获取字符串从索引 N 到 M（包含 N 和 M）的子字符串

    C. 字符串 "my\\text.dat" 中第 1 个 "\" 表示转义符

    D. 空字符串可以表示为 "" 或 ''

24. 以下关于字符串类型的操作的描述，正确的是（　　）。

    A. 程序语句 upper(stra) 可以实现将字符串对象 stra 的所有字符设置为大写

    B. 设 x='aaa'，则执行 x/3 的结果是 a

    C. 程序语句 len(stra) 可以计算字符串对象 stra 的长度

    D. 程序语句 stra.isnumeric() 可以把字符串对象 stra 中数字字符变成数字

25. 以下程序的输出结果是（　　）。

```
lst = ['Python', [0, 1, 'language'], [2, 3, 4], 'Programming']
print(lst[1][2])
```

　　A. y　　　　　　　　　　　　　　　B. language

　　C. Python, [0, 1, language]　　　　　D. [0, 1, language], [2,3,4]

26. 列表 lst=[2, 3, 5, 8, 9, 1, 3]，以下能够输出列表 lst 中最大元素的是（　　）。

　　A. print(max(lst()))　　　　　　　　B. print(lst().max())

　　C. print(max(lst))　　　　　　　　　D. print(lst.max())

27. 以下程序的输出结果是（　　）。

```
lst = list()
for i in [1, 2, 3]:
    for j in [4, 5, 6]:
        lst.append(i + j)
print(lst)
```

　　A. [5, 6, 7, 6, 7, 8, 7, 8, 9]　　　　　B. [5, 7, 9]

　　C. [1, 2, 3, 4, 5, 6]　　　　　　　　　D. [5, 6, 7]

28. 以下程序的输出结果是（　　）。

```
lst = [1989, 2016, [2023, 'Python'], 'Language']
print(lst[2][1][-1])
```

　　A. Language　　　B. n　　　　　　C. o　　　　　　D. Python

29. 以下程序的输出结果是（　　）。

```
Lst = list(range(6))
print(6 in lst)
```

A. True　　　　　B. False　　　　　C. 1　　　　　D. 0

30. 以下程序的输出结果是（　　）。

```
lst = list(range(3))
print(lst * 3)
```

A. [1, 2, 3, 1, 2, 3, 1, 2, 3]　　　　　B. [3, 6, 9]
C. [0, 1, 2, 0, 1, 2, 0, 1, 2]　　　　　D. [0, 3, 6]

31. 以下程序的输出结果是（　　）。

```
lst = ['楚辞']
lst.extend(['唐诗', '宋词'])
print(lst)
```

A. ['楚辞', ['唐诗', '宋词']]　　　　　B. ['楚辞', '唐诗', '宋词']
C. ['楚辞']　　　　　D. 报错

32. 以下程序的输出结果是（　　）。

```
lst=[['春节', '饺子'], ['清明节', '青团'], ['端午节', '粽子'], ['中秋节', '月饼']]
print(lst[2][-1][-2])
```

A. 青　　　　　B. 午　　　　　C. 粽　　　　　D. 月

33. 以下程序的输出结果是（　　）。

```
lista = ['Python', 'Visual Basic', 'Java']
listb = ['C++']
lista[1] = listb
print(lista)
```

A. ['C++', 'Visual Basic', 'Java']　　　　　B. [['C++'], 'Visual Basic', 'Java']
C. ['Python', 'C++', 'Java']　　　　　D. ['Python', ['C++'], 'Java']

34. 以下程序的输出结果是（　　）。

```
lista = ['仁', '义', '礼', '智', '信']
listb = lista
listb.reverse()
print(lista)
```

A. ['仁','义','礼','智','信']　　　　　B. '仁','义','礼','智','信'
C. ['信','智','礼','义','仁']　　　　　D. '信','智','礼','义','仁'

35. 以下程序的输出结果是（　　）。

```
lista = [1, 2, 3, 4, 5]
listb=lista.reverse()
print(listb)
```

A. [1, 2, 3, 4, 5]　　B. [5, 4, 3, 2, 1]　　C. 5, 4, 3, 2, 1　　D. None

36. 以下程序的输出结果是（　　）。

```
lista = [5, 2, 4, 9]
```

```
lista.insert(3, 3)
print(lista)
```

    A. [5, 2, 3, 4, 9]   B. [5, 2, 4, 3, 9]   C. [5, 2, 3, 9]   D. [5, 2, 4, 3]

37. 以下程序的输出结果是（　　）。

```
lst = [1, 1, 2, 2, 2, 3, 3, 3,3]
lst.index(2)
```

    A. 1   B. 2   C. 3   D. 4

38. 以下程序的输出结果是（　　）。

```
lst = [[1, 2, 3],[4, 5, 6],[7, 8, 9]]
lista = []
for m in range(len(lst)):
    lista.append(lst[m][2])
print(lista)
```

    A. [1, 4, 7]   B. [2, 5, 8]   C. [3, 6, 9]   D. [3, 6]

39. 以下程序的输出结果是（　　）。

```
a = (2)
print(a)
```

    A. (2)   B. (2,)   C. 2,   D. 2

40. 以下程序的输出结果是（　　）。

```
tupa = (1, 2, 3, 4, 5)
print(tupa.reverse())
```

    A. (1, 2, 3, 4, 5)   B. 5, 4, 3, 2, 1   C. (5, 4, 3, 2, 1)   D. 报错

41. 关于元组类型，以下选项中描述错误的是（　　）。

    A. 元组不能被修改

    B. 元组中的元素可以是不同数据类型

    C. 可以使用 count() 方法统计元组中指定元素的个数

    D. 可以使用 insert() 方法向元组中插入元素

42. tup=('立夏','小满','芒种','夏至','小暑','大暑')，以下关于循环结构的描述，错误的是(　　)。

    A. 表达式 for i in range(len(tup)) 与 for j in tup 的循环次数相同

    B. 表达式 for i in range(len(tup)) 与 for j in range(0,len(tup)) 的循环次数相同

    C. 表达式 for i in range(len(tup)) 与 for j in range(1,len(tup)+1) 的循环次数相同

    D. 表达式 for i in range(len(tup)) 与 for j in tup 的循环中 i 与 j 的取值相同

43. 以下程序的输出结果是（　　）。

```
dct = {'张三': 95, '李四':92, '钱五':97}
print(dct['张三'], dct.get('赵六', 90))
```

    A. 95 90   B. 95 None   C. 95 Null   D. 报错

44. 以下程序的输出结果是（　　）。

```
dct = {'张三': 95, '李四':92, '钱五':97}
print(dct['张三'], dct.get('李四', 90))
```

  A. 95 90   B. 95 92   C. 95 95   D. 报错

45. 以下可以正确定义字典变量的是（ ）。

  A. dct={1:Python, 2: Java}   B. dct={1:'Python', 2:'Java'}}

  C. dct={[1]:Python, [2]: Java}   D. dct={[1]:'Python', [2]:'Java'}}

46. 已知dct={'东岳':'泰山','西岳':'华山','南岳':'衡山','北岳':'恒山','中岳':'嵩山'}，下列选项中能够输出'泰山'的是（ ）。

  A. print(dct[0]) B. print(dct[1]) C. print(dct[-5]) D. print(dct['东岳'])

47. 以下关于字典的描述中，错误的是（ ）。

  A. 字典元素的键和值使用冒号分隔   B. 字典的键值对可以重复

  C. 不可以通过整数索引访问字典的元素   D. 字典的元素没有顺序

48. 以下程序的输出结果是（ ）。

```
tupa = ('春季', '夏季', '秋季', '冬季')
tupb = ('立春', '立夏', '立秋', '立冬')
x = {}
for i in range(len(tupa)):
    x[i] = list(zip(tupa, tupb))
print(x)
```

  A. {0: [('春季','立春'),('夏季','立夏'),('秋季','立秋'),('冬季','立冬')], 1: [('春季','立春'),('夏季','立夏'),('秋季','立秋'),('冬季','立冬')], 2: [('春季','立春'),('夏季','立夏'),('秋季','立秋'),('冬季','立冬')], 3: [('春季','立春'),('夏季','立夏'),('秋季','立秋'),('冬季','立冬')]}

  B. {0: ('春季','立春'), 1: ('夏季','立夏'), 2: ('秋季','立秋'), 3: ('秋季','立秋')}

  C. {0: ['春季','立春'], 1: ['夏季','立夏'], 2: ['秋季','立秋'], 3: ['秋季','立秋']}

  D. {'春季':'立春','夏季':'立夏','秋季':'立秋','秋季':'立秋'}

49. 以下不属于字典对象的方法的是（ ）。

  A. get()   B. pop()   C. update()   D. replace()

50. 以下程序的输出结果是（ ）。

```
dct = {'东岳':'泰山','西岳':'华山','南岳':'衡山','北岳':'恒山','中岳':'嵩山'}
print(len(dct))
```

  A. 10   B. 20   C. 5   D. 4

51. 以下程序的输出结果是（ ）。

```
seta = set('language')
sorted(seta)
for i in seta:
    print(i, end = '')
```

  A. laueng   B. language   C. aaegglnu   D. aeglnuae

52. 在 Python 中，以下不属于序列的数据类型是（　　）。

　　A. 字符串　　　　　　B. 浮点型　　　　　　C. 列表　　　　　　D. 集合

53. 以下程序的输出结果是（　　）。

```
x = [i + 2 for i in range(0, 5)]
print(x)
```

　　A. [0, 1, 2, 3, 4]　　B. [1, 2, 3, 4, 5]　　C. [2, 3, 4, 5, 6]　　D. [2, 3, 4, 5, 6, 7]

54. 以下程序的输出结果是（　　）。

```
x = (i for i in range(0, 5))
print(x)
```

　　A. (0, 1, 2, 3, 4)　　B. (0, 1, 2, 3, 4,5)　　C. (1, 2, 3, 4)　　D. 返回生成器

55. 以下程序的输出结果是（　　）。

```
x = (i for i in range(0, 10) if i % 2 == 0)
print(tuple(x))
```

　　A. (1, 2, 3, 4, 5, 6, 7, 8, 9, 10)　　B. (0, 1, 2, 3, 4, 5, 6, 7, 8, 9)
　　C. (0, 2, 4, 6, 8)　　　　　　　　D. (0, 2, 4, 6, 8, 10)

56. 以下程序的输出结果是（　　）。

```
seta = {i for i in range(0, 10, 2)}
setb = {i for i in range(0, 10, 3)}
print(seta & setb)
```

　　A. {0, 6}　　B. {0, 2, 3, 4, 6, 8, 9}　　C. {6}　　D. {8, 2, 4}

57. 以下程序的输出结果是（　　）。

```
x = {i:j for i in range(0, 5) for j in range(0, 10) if i + j == 10}
print(x)
```

　　A. {0: 10, 2: 8, 3: 7, 4: 6}　　　　　B. {1: 9, 2: 8, 3: 7, 4: 6}
　　C. {1: 9, 2: 8, 3: 7, 4: 6, 5: 5}　　D. {0: 10, 1: 9, 2: 8, 3: 7, 4: 6}

58. 以下程序的输出结果是（　　）。

```
lst = [1, 2, ['Python', 'Java'], 3, 4, 5, 6]
print(lst[::2])
```

　　A. [1, 'Python', 3, 5]　　　　　　B. [2, 'Java', 4, 6]
　　C. [1, ['Python', 'Java'], 4, 6]　　D. [2, 3, 5]

59. 以下程序的输出结果是（　　）。

```
ls1 = ['Python', '1989']
ls1.append(2024)
ls1.append([2024])
print(ls1)
```

　　A. ['Python', '1989', 2024, 2024]　　　　B. ['Python', '1989', 2024, [2024]]
　　C. ['Python', '1989', '2024', [2024]]　　D. ['Python', '1989', '2024', ['2024']]

60. 关于 Python 序列的描述，正确的是（　　）。
    A. 列表的索引是从 1 开始的　　　　B. 元组创建以后，可以向元组添加元素
    C. 字典的键可以是整数、字符串和列表　　D. 可变集合支持添加元素

习题 5　函　　数

1. 用来定义函数使用的关键字是（　　）。
    A. def　　　　B. return　　　　C. global　　　　D. char
2. 在 Python 语言中，定义函数时可以没有（　　）。
    A. 关键字 def　　B. return 语句　　C. 函数名　　D. 参数列表()后面的冒号":"
3. 函数内部用于更改全局变量值的关键字是（　　）。
    A. abs　　　　B. def　　　　C. global　　　　D. lambda
4. 关于全局变量的使用，下面说法中，错误的是（　　）。
    A. 全局变量的作用域是整个程序
    B. 全局变量通常定义在函数的外部
    C. 全局变量的值不能改变
    D. 在函数内部对一个定义在函数外的变量进行操作，则必须使用 global 明确声明
5. 有下列程序：

```
def f1(x = 2):
    return x + 1
print(f1(f1(f1())))
```

上面程序运行的结果是（　　）。
    A. 3　　　　B. 4　　　　C. 5　　　　D. 7
6. 一般来说，由某个对象或某个函数所创建的变量通常是（　　）。
    A. 局部变量　　B. 全局变量　　C. 关键字　　D. 内置变量
7. 下面关于递归的说法，错误的是（　　）。
    A. 在调用一个函数的过程中出现直接或间接地调用函数本身，这种函数调用的方式称为递归
    B. 递归不是循环
    C. 默认情况下，递归调用到 1000 层时，Python 解释器终止程序运行
    D. 递归不必有终止条件
8. 下面关于函数嵌套调用的说法，正确的是（　　）。
    A. 函数的嵌套调用是指被调用函数的函数体中调用了其他函数
    B. 嵌套就是循环
    C. 嵌套遵循先进先出原则
    D. 嵌套与递归等价
9. 匿名函数定义的关键字是（　　）。
    A. def　　　　B. lambda　　　　C. char　　　　D. return
10. 组织程序代码的单位不包括（　　）。

A. 函数　　　　　　B. 模块　　　　　　C. 包　　　　　　D. 变量

11. 函数的参数类型不包括（　　）。
    A. 默认参数　　　B. 位置参数　　　C. 关键字参数　　　D. 等长参数

12. 下面关于函数定义的说法，错误的是（　　）。
    A. 函数名可以是 Python 语言中任何有效的标识符
    B. 参数列表可有 0 个、1 个或多个
    C. 多个参数时需要用逗号（,）隔开
    D. 参数列表括号后的冒号":"可以省略

13. 函数调用的基本方法不包括（　　）。
    A. 通过函数语句调用函数　　　　B. 通过函数参数调用函数
    C. 通过函数表达式调用函数　　　D. 通过 return 语句调用函数

14. 根据作用域的不同，Python 中变量类型不包括（　　）。
    A. 全局变量　　　　　　　　　　B. 数值变量
    C. 内置变量或关键字　　　　　　D. 局部变量

15. 以下说法正确的是（　　）。
    A. 每个函数至少需要一个 return 语句　　B. 通常函数内定义的变量，其作用域在函数内
    C. 全局变量的值不能改变　　　　　　　　D. 函数内可通过关键字 char 改变全局变量的值

16. 函数的类型不包括（　　）。
    A. 系统内置函数　　　　　　　　B. 标准库函数
    C. 用户自定义函数　　　　　　　D. 内函数

17. 关于模块的说法，错误的是（　　）。
    A. Python 中的模块（model）是彼此没有关系的代码段
    B. 模块中可定义函数、变量和类，也可以是可执行的代码
    C. 在存储时一个模块均是一个独立的 Python 文件，其后缀名是 ".py"
    D. 模块是共享的

18. 模块的分类不包括（　　）。
    A. 标准模块　　　　　　　　　　B. 第三方开源模块
    C. 自定义模块　　　　　　　　　D. sys 模块

19. 关于 return 语句的返回值，说法错误的是（　　）。
    A. 一条 return 语句只能带回一个返回值
    B. return 语句的返回值可以是任意数据类型
    C. return 语句在同一函数中可多次出现
    D. 只要有一条 return 语句执行，当前函数就结束执行

20. 调用函数执行的顺序遵循（　　）原则。
    A. 先进后出　　　B. 先进先出　　　C. 自上而下　　　D. 先来先服务

21. 匿名函数所具有的特点不包括（　　）。
    A. 从功能上讲，lambda 定义的匿名函数和正常函数一样
    B. 匿名函数只是 lambda 表达式，其函数体比 def 简单得多，一般在一行内表示

C. 匿名函数的主体是表达式，而不是一个代码段
D. 匿名函数可以访问自身参数列表以外的参数

22. 下列程序代码：

```
def ss(a = 9, b = 3, c = 4):
    k = a + b - c
    return k
d = ss(3, 7)
print(d)
```

函数 ss 的参数类型是（　　）。
A. 关键字参数　　　B. 默认参数　　　C. 位置参数　　　D. 可变长参数

23. 下列程序代码：

```
def ss(a = 9, b = 3, c = 4):
    k = a + b - c
    return k
d = ss(3, 7)
print(d)
```

输出 d 的值是（　　）。
A. 14　　　　　　B. 16　　　　　　C. 13　　　　　　D. 10

24. 可变长参数是参数的个数不确定，通过在参数前增加（　　）来实现。
A. 星号（*）　　　B. 冒号（:）　　　C. 逗号（;）　　　D. 百分号（%）

25. 下列程序代码：

```
def t(*p):
    print(p)
t(1, 2, 3, 4)
```

*p 的参数类型是（　　）。
A. 关键字参数　　　B. 可变长参数　　　C. 位置参数　　　D. 默认参数

26. 下面程序代码的运行结果是（　　）。

```
def g_variable2():
    global a
    a = 3
    print("x=", x)
    a = 6
g_variable2()
print("a=", a)
```

A. a=3　　　　　B. a=6　　　　　C. a=6　　　　　D. a=3
　　a=3　　　　　　a=6　　　　　　a=3　　　　　　a=6

27. 下列说法错误的是（　　）。
A. 一个函数就是一个模块　　　　　B. 一个后缀为 .py 的文件就是一个模块

C. 包是组织模块的单位　　　　　　　D. 包可包含多个模块或子包

28. 下面程序代码的运行结果是（　　）。

```
def key_word(o, p, q):
    print(o, p, q)
key_word(q = 2, p = 3, 4)
```

A. 4 2 3　　　　B. 报错　　　　C. 2 4 3　　　　D. 2 3 4

29. 下列说法错误的是（　　）。

A. 在函数调用时，如果实参给默认值传递了新的值，则新值覆盖默认值

B. 关键字类型的参数其实参顺序与形参顺序可以不一致

C. 具有关键字参数类型的函数在调用时，关键字参数需跟随在位置参数的后面

D. 可变长参数通过在参数前增加井号（#）来实现

30. 下面程序的运行结果是（　　）。

```
x = 2
y = 3
def s():
    x = 5
    y = 8
    z = x + y
    print("z=", z)
s()
z = x + y
print("z=", z)
```

A. 13 和 5　　　　B. 5 和 13　　　　C. 10 和 5　　　　D. 5 和 11

 习题 6　文　　件

1. 以下关于 Python 文件处理的描述中，错误的是（　　）。

A. 文件使用结束后用 close() 方法关闭，释放文件的使用权

B. 当文件以文本方式打开时，读写按照字节流方式

C. Python 能够以文本和二进制两种方式处理文件

D. Python 通过解释器内置的 open() 函数打开一个文件

2. 下列操作中将一个文件与程序中的对象关联起来的是（　　）。

A. 读取　　　　B. 写入　　　　C. 打开　　　　D. 关闭

3. 打开一个已有文件，然后在文件末尾添加信息，正确的打开方式为（　　）。

A. 'r'　　　　B. 'w'　　　　C. 'a'　　　　D. 'w+'

4. 关于文件读写操作完成后，要用 close() 函数关闭的原因，下列说法错误的是（　　）。

A. 文件对象占用操作系统的资源

B. 操作系统对同一时间能打开的文件数量是有限制的

C. 当调用 close() 方法时，操作系统会把未写入磁盘的数据全部写入磁盘

D. 将数据写入文件时，操作系统会立刻把数据全部写入磁盘
5. 以下语句中，可以自动调用 close() 方法的是（   ）。
   A. read()   B. write()   C. with()   D. rename()
6. 以下文件处理方式中，可以读取所有的行保存在列表中的是（   ）。
   A. readline([size])   B. read([size])   C. readlines()   D. writelines()
7. 以下函数中，可以判断一个文件是否存在的是（   ）。
   A. os.path.exists()   B. os.path.isfile()   C. os.path.join()   D. os.path.chdir()
8. 以下函数中，能切换当前工作目录的是（   ）。
   A. getcwd()   B. listdir()   C. mkdir()   D. chdir()
9. 设 a.txt 的内容是：a, b, c, d，以下程序执行结果是（   ）。

```
with open('a.txt', 'r') as f:
    print(f.read().split(','))
```

   A. ['a', 'b', 'c', 'd']   B. [a, b, c, d]   C. 'a', 'b', 'c', 'd'   D. a, b, c, d
10. 执行以下代码，output.txt 文件中的内容是（   ）。

```
aaa = [8, 5, 2, 2]
with open('output.txt', 'w') as f:
    for aa in aaa:
        f.write(';'.join(str(aa)))
```

   A. 8,5,2,2   B. 8522   C. 8;5;2;2   D. 8 5 2 2

习题 7   面向对象程序设计

1. Python 是一门（   ）语言。
   A. 面向过程   B. 面向对象   C. 机器   D. 编译
2. 计算机程序里对象是建立在（   ）之上的实体。
   A. 数据及其操作方法   B. 数据
   C. 操作方法   D. 集合
3. 面向对象程序设计具有三大特征，分别是封装、继承和（   ）
   A. 多态   B. 对象   C. 过程   D. 多样
4. Python 中把抽象出来的整体称之为（   ）。
   A. 类（class）   B. 属性（arrtribute）   C. 对象（object）   D. 方法（method）
5. 类中成员包含类的属性和（   ）。
   A. 类的函数   B. 类的方法   C. 类的变量   D. 类体
6. 创建一个空类，其类体是（   ）。
   A. method   B. artribute   C. pass   D. object
7. 在类的内部成员之间的访问通过（   ）操作符实现。
   A. 点号"."   B. 冒号":"   C. 叹号"!"   D. 分号";"
8. 在 Python 语言中，方法就是定义在类中的函数，定义的方式和普通函数一样。其区别在于，

类中定义的方法其第一个参数是（　　），用于指向该类中的实例。

　　A. self　　　　　　B. name　　　　　　C. def　　　　　　D. class

9. 类方法的调用格式是（　　）。

　　A. 类名.方法名 (cls,[args])　　　　　　B. 类名.方法名 ([args])

　　C. 类名.方法名 (self,[args])　　　　　　D. 类名.方法名 (self)

10. 类的私有成员通过在成员前加（　　）来标识。

　　A. 双下划线"＿"　　B. 下划线"＿＿"　　C. private　　　　D. public

习题 8　Python 第三方库与应用

1. 以下函数中，可以实现画布的创建的是（　　）。

　　A. subplots()　　　B. add_subplot()　　C. figure()　　　　D. subplot2grid()

2. 以下函数中，（　　）可以实现创建一个对角线均为 1 的矩阵。

　　A. eyes()　　　　　B. arange()　　　　C. linspace()　　　D. logspace()

3. 下列 numpy 表达函数中，（　　）生成的是二维数组。

　　A. numpy.eyes(4)　　　　　　　　　　　B. numpy.arange(1, 10, 2)

　　C. numpy.linspace(-10, 10, 6)　　　　　D. numpy.logspace(-10, 10, 4)

4. 下列 numpy 表达函数中，（　　）生成的是三维数组。

　　A. numpy.random.randn(2, 2, 2)　　　　B. numpy.random.randn(3, 2)

　　C. numpy.eyes(3, 3)　　　　　　　　　D. numpy.logspace(-100, 100, 100)

5. 在 NumPy 库中，函数（　　）可以在一定区间内生成等差一维序列。

　　A. ones()　　　　　B. arange()　　　　C. linspace()　　　D. logspace()

6. 在 NumPy 库中，函数（　　）可以在一定区间内生成等比序列。

　　A. ones()　　　　　B. arange()　　　　C. linspace()　　　D. logspace()

7. 下列关于 SciPy 库的说法正确的是（　　）。

　　A. 模块 scipy.optimize 中的函数主要用于做深度学习算法

　　B. scipy.optimize.Leastsq 语句表示调用最小二乘拟合方法

　　C. scipy.linalg 语句表示调用最小二乘拟合方法

　　D. SciPy 库中存在可以直接进行分类器构建的函数

8. 下列关于 Matplotlib 库中，（　　）函数可以用于生成一个 2 行 3 列的第 1 个矩阵子图。

　　A. subplot(223)　　B. arange(231)　　 C. linspace(232)　 D. logspace(233)

9. 下列关于 Pandas 库说法正确的是（　　）。

　　A. Pandas 库中存在两种数据类型：Series 和 DataFrame

　　B. Pandas 库中数据结构 DataFrame 中的成员函数 head(n) 表示删除前 n 行的数据

　　C. Pandas 库中不支持对数据结构 DataFrame 中数据进行增、删、改、查

　　D. Pandas 库中不支持对数据结构 Series 中数据进行增、删、改、查

10. 下列函数中，（　　）不是 Pandas 库中数据结构 DataFrame 中的成员函数。

　　A. fillna()　　　　B. interpolate()　　 C. describe()　　　D. index()

习题 9 Python 数据库设计与应用

1. 创建数据表使用的 SQL 语句是（　　）。
   A. CREATE TABLE　　　　　　B. UPDATE TABLE
   C. INSERT TABLE　　　　　　D. DELETE TABLE
2. 设置主键使用的关键字是（　　）。
   A. PRIMARY KEY　　　　　　B. UNIQUE
   C. DEFAULT　　　　　　　　D. FOREIGN KEY
3. 删除数据表使用的 SQL 语句是（　　）。
   A. CREATE TABLE　　　　　　B. UPDATE TABLE
   C. DROP TABLE　　　　　　　D. DELETE TABLE
4. 数据查询使用的 SQL 语句是（　　）。
   A. SELECT　　B. UPDATE　　C. CREATE　　D. INSERT
5. 删除数据表中记录使用的 SQL 语句是（　　）。
   A. DROP　　　　　　　　　　B. UPDATE
   C. DELETE FROM　　　　　　D. INSERT INTO
6. 使用 SQLite 数据库，创建数据库连接对象使用的方法是（　　）。
   A. execute()　　B. connect()　　C. commit()　　D. cursor()
7. 使用 SQLite 数据库，创建游标对象使用的方法是（　　）。
   A. execute()　　B. connect()　　C. commit()　　D. cursor()
8. 使用 SQLite 数据库，执行 SQL 语句使用的方法是（　　）。
   A. execute()　　B. connect()　　C. commit()　　D. cursor()
9. E-R 图是常用的描述关系数据库模型的方法。在 E-R 图中，长方形表示（　　）。
   A. 实体　　　　B. 属性　　　　C. 关系　　　　D. 联系
10. 下面不属于关系模型的数据完整性约束的是（　　）。
    A. 实体完整性　　　　　　　B. 参照完整性
    C. 用户自定义完整性　　　　D. 关系完整性
11. SQL 的 WHERE 子句用来设置查询条件，以下不属于逻辑运算符的是（　　）。
    A. NOT　　　　B. AND　　　　C. OR　　　　D. IN
12. 以下不可以实现模式匹配的是（　　）。
    A. LIKE　　　B. NOT LIKE　　C. %　　　　　D. IN
13. 以下方法可以执行多条 SQL 语句的是（　　）。
    A. execute()　　B. executemany()　　C. cursor()　　D. commit()
14. 使用最广泛的数据模型是（　　）。
    A. 层次模型　　B. 网状模型　　C. 关系模型　　D. 面向对象模型
15. E-R 图是常用的描述关系数据库模型的方法。在 E-R 图中，菱形框表示（　　）。
    A. 实体　　　　B. 属性　　　　C. 关系　　　　D. 联系

16. E-R 图是常用的描述关系数据库模型的方法。在 E-R 图中，椭圆表示（　　）。
    A. 实体　　　　　　B. 属性　　　　　　C. 关系　　　　　　D. 联系
17. 以下关于 SQL 描述不正确的是（　　）。
    A. SQL 是通用的关系数据库操作语言　　B. SQL 具有数据定义、数据操纵等多种过程
    C. SQL 是一种非过程化语言　　　　　　D. SQL 对关键字大小写敏感
18. 在 SELECT 查询语句中，（　　）表示所有列。
    A. 星号　　　　　　B. 逗号　　　　　　C. 分号　　　　　　D. 句号
19. SQL 语句常用的聚合函数中可实现求平均值的函数是（　　）。
    A. avg()　　　　　　B. min()　　　　　　C. count()　　　　　　D. max()
20. 以下关于 SQLite 的描述不正确的是（　　）。
    A. SQLite 是 Python 自带的轻量级关系型数据库
    B. SQLite 支持原子的、一致的、独立的和持久的事务
    C. 通过直接复制数据库文件就可以实现数据库的备份
    D. 不需要导入 SQLite3 就可以使用 SQLite 数据库

习题 10　Python 图形界面设计与应用

1. 在 Python 中，正确打开 Tkinter 软件包的方法是（　　）。
    A. tkinter import　　　　　　　　　　B. from tkinter import
    C. tkinter from import　　　　　　　　D. from tkinter import *
2. 以下选项中，不是 Python 专门用于开发图形用户界面的软件包的是（　　）。
    A. Tkinter　　　　　B. PyQt　　　　　　C. Canvas　　　　　D. WxPython
3. 以下属于 Python 的容器类组件的是（　　）。
    A. Frame　　　　　B. Label　　　　　　C. Button　　　　　D. Text
4. 以下选项中，不属于 Python 的控件类组件的是（　　）。
    A. Listbox　　　　　B. LabelFrame　　　C. Checkbutton　　　D. Scale
5. 下列 Python 的控件类组件中，用于创建单行文本框的是（　　）。
    A. Text　　　　　　B. Label　　　　　　C. Entry　　　　　　D. MessageBox
6. 下列选项中，关于 Python 的组件属性的描述，正确的是（　　）。
    A. 组件所具有的特征和状态　　　　　　B. 组件所具有的动作
    C. 组件所具有的继承性　　　　　　　　D. 组件所具有的行为
7. 下列选项中，关于 Python 的组件属性 font 的描述，不正确的是（　　）。
    A. 可以设置字体　　　　　　　　　　　B. 可以设置字号
    C. 可以设置颜色　　　　　　　　　　　D. 可以设置字体样式
8. 下列选项中，关于 Python 的组件属性设置方法的描述，不正确的是（　　）。
    A. 在创建组件对象时，利用构造函数中的"属性名 = 属性值"方式设置
    B. 创建组件对象后，利用字典索引方式设置，形如"组件名 [属性名]= 属性值"
    C. 使用 config() 方法或 configure() 方法修改或更新属性值

D. 使用 set() 方法修改或更新属性值

9. Python 的事件 <Button-1> 的功能为（　　）。
   A. 单击鼠标左键　　　　　　　　　B. 单击鼠标右键
   C. 滚动鼠标　　　　　　　　　　　D. 双击鼠标左键

10. 在 Python 中，按下键盘上的回车键，该事件为（　　）。
    A. <回车>　　　B. <Return>　　　C. <Enter>　　　D. <PageDown>

11. 在进行 Python GUI 界面设计时，按钮是一个不可或缺的组件，为了使按钮能够响应相应的动作，可以通过设置该组件的（　　）属性关联事件处理函数。
    A. text　　　　B. bind　　　　C. title　　　　D. command

12. 关于 Python 的组件在窗口的布局方式，以下选项中，（　　）不能用来控制组件的布局。
    A. pack　　　　B. grid　　　　C. place　　　　D. set

13. 以下选项关于 Python 的标签组件叙述中，不正确的是（　　）。
    A. 标签中的信息用 text 属性设置　　　B. 标签组件通常用来显示信息
    C. 标签中的信息可以编辑　　　　　　D. 标签中信息的字体可以设置

14. 关于 Python 的组件 Entry 和 Text，以下选项中不正确的是（　　）。
    A. Entry 通常用于单行文本的输入　　　B. Text 通常用于多行文本的输入
    C. Entry 和 Text 中的文本都可以进行编辑　　D. Text 中的文本不能按行进行选择

15. 执行下列程序：

```
from tkinter import *
myroot = Tk()
v1 = StringVar(); v2 = StringVar()
def call_back(event):
    ety2.insert(INSERT, ety1.get())
ety1 = Entry(myroot, textvariable = v1); ety1.pack()
ety2 = Entry(myroot,textvariable = v2); ety2.pack()
ety1.bind("<Return>", call_back)
myroot.mainloop()
```

其功能为（　　）
A. 将第一个文本框中的内容复制到第二个文本框中
B. 将第一个文本框中的内容剪切到第二个文本框中
C. 将第一个文本框中的部分内容复制到第二个文本框中
D. 将第一个文本框中的部分内容剪切到第二个文本框中

16. 如果要输入学生的性别，选择 Python 的组件，最佳选择是（　　）。
    A. Checkbutton　　B. Button　　C. Entry　　D. Label

17. 关于 Python 的组件 Frame 和 LabelFrame，下列选项中正确的是（　　）。
    A. 无区别，功能完全相同
    B. Frame 为容器类组件，LabelFrame 为控件类组件
    C. 功能完全不同

D. LableFrame 为带标题的框架，他们功能相似，使用方法相同

18. 在进行 Python 的 GUI 界面设计时，如果在同一窗口中创建了多个 Radiobutton 组件，通过（   ）确定选择了哪个 Radiobutton 组件。

  A. value 属性   B. text 属性   C. select() 方法 D. invoke() 方法

19. 关于 Python 的组件 Radiobutton 和 Checkbutton，下列选项中不正确的是（   ）。

  A. 多个 Radiobutton 只能选择其中一个，多个 Checkbutton 可以同时选择多个

  B. Radiobutton 和 Checkbutton 都可以通过 value 属性来判断是否选择了相应组件

  C. Radiobutton 和 Checkbutton 都可以通过 Frame 或 LabelFrame 来进行分组设计

  D. Radiobutton 和 Checkbutton 都可以通过 command 调用事件处理函数

20. 关于 Python 的组件 Listbox 和 Combobox，下列选项中不正确的是（   ）。

  A. 组件 Listbox 和 Combobox 都可以出现滚动条

  B. 默认情况下，Listbox 显示多项条目，Combobox 仅显示一项条目

  C. 组件 Listbox 和 Combobox 都可以用来直接输入条目

  D. Radiobutton 和 Checkbutton 都可以实现内容条目的增删改查

21. 下列语句：

```
from tkinter import *
import tkinter.ttk
def sel_city(event):
    v2.set(v1.get())
myroot = Tk()
myroot.title("选择大城市")
v1 = StringVar()
cbb = tkinter.ttk.Combobox(myroot, textvariable = v1)
cbb['value'] = ('上海','北京','深圳','重庆','广州','成都','天津','武汉')
cbb.current(0)
cbb.bind('<<ComboboxSelected>>', sel_city)
cbb.grid(row = 0, column = 0, padx = 5, pady = 5)
v2 = StringVar()
lb = Label(myroot, textvariable = v2, width = 4, font = ("隶书", 40, "bold"), fg = 'red')
lb.grid(row = 1, column = 1, rowspan = 2, padx = 5, pady = 10)
myroot.mainloop()
```

执行时，下列选项中不正确的是（   ）。

  A. 界面中默认的选项是"上海"

  B. "上海、北京、深圳、重庆、广州、成都、天津、武汉"均在组合框中

  C. 当选择"重庆"时，右下角将显示红色加粗的"重庆"

  D. 可以同时选择"上海"和"北京"

22. 关于 Python 的微调框（Spinbox）组件，下列选项中不正确的是（   ）。

  A. Spinbox 组件由三部分组成：输入框、上箭头和下箭头

B. 可以通过属性 resolution 来设置步长值

C. 可以通过属性 from_ 和 to 来设置数值的取值范围

D. 可以通过 values 属性设置元组或其他序列值

23. 下列语句：

```
from tkinter import *
def change_size(value):
    lb.configure(font = ("隶书", scl.get(), "bold"))
myroot = Tk()
lb = Label(myroot, text = "学习Python程序设计", font = ("隶书", 20, "bold"), fg = 'blue')
lb.pack()
scl = Scale(myroot, from_ = 8, to = 55, length = 300, orient = HORIZONTAL, command = change_size)
scl.set(20); scl.pack()
myroot.mainloop()
```

执行时，下列选项中不正确的是（   ）。

A. 可以调节字体的字号   B. 字号的取值范围为 [8, 55]

C. 每次单击刻度条，步长值为 2   D. 窗口大小将随字号的变化而自动调节

24. 下列选项中，有关 Python 的菜单（Menu）组件的叙述，错误的是（   ）。

A. 通过 accelerator() 方法可以建立菜单项的分割条

B. 与菜单关联事件处理函数可能通过 command 属性建立

C. 通过 add_cascade() 方法，可以建立下拉式菜单

D. 菜单创建后，只有建立其关联的事件处理函数，选择菜单后才会作出相应的动作

25. 下列选项中，有关 Python 的对话框的叙述，错误的是（   ）。

A. askopenfilename() 可以用来打开指定文件类型的对话框

B. asksaveasfilename() 可以用来打开"另存为"对话框

C. askokcancel() 对话框中包含两个按钮

D. showwarning() 对话框中包含两个按钮

26. 下列有关 Python 的颜色对话框（Colorchooser）的叙述，错误的是（   ）。

A. 使用颜色对话框，必须导入 tkinter.colorchooser 子库

B. 颜色对话框用来打开一个颜色库供用户选择

C. 用户在对话框中选择一种颜色后，将返回一个二元组

D. 颜色对话框可以返回一个对应颜色的十进制数

27. 在 Python 的画布（Canvas）中，坐标原点位于父窗口的（   ）。

A. 左上角   B. 左下角   C. 右上角   D. 右下角

28. 利用 Python 的画布提供的功能进行矩形绘制，下列不能绘制矩形的是（   ）。

A. create_line()   B. create_image()   C. create_rectangle()   D. create_ploygon()

29. 利用 Python 的 turtle 进行绘图时，对于画笔控制，下列叙述中错误的是（   ）。

A. pendown()、pd() 与 down() 等价，用来放下画笔
B. penup()、pu() 与 up() 等价，用来抬起画笔
C. pensize() 与 width() 等价，用来设置画笔宽度
D. write() 可以用来直接设置文本的颜色

30. 执行下列语句，结果为（　　）。

```
from turtle import *
for i in range(10, 120, 50):
    up()
    goto(0, -i)
    down()
    circle(i)
    hideturtle()
done()
```

A. 生成三个同心圆　　　　　　　　B. 在一行中生成并列的三个圆
C. 生成位于不同行的三个圆　　　　D. 只能生成一个圆

习题集参考答案

习题 1 参考答案
1~5　　CDCAB　　　　6~10　　DBDBB

习题 2 参考答案
1~5　　CBDBA　　　　6~10　　DACCB　　　　11~15　　BDDAD
16~20　ADDBC　　　　21~25　BBBAC　　　　26~30　　DCBDC
31~35　ADBCD　　　　36~40　CADDC　　　　41~45　　BBCCD
46~50　AABBA

习题 3 参考答案
1~5　　BBDCA　　　　6~10　　CBABD　　　　11~15　　CAACC
16~20　BCBBD　　　　21~25　CDACC　　　　26~30　　BCBBB
31~35　CADAD　　　　36~40　BADDC　　　　41~45　　CDBCC
46~50　ABADA　　　　51~55　CADCD

习题 4 参考答案
1~5　　DAABB　　　　6~10　　CCCCA　　　　11~15　　DBBAA
16~20　CCBAB　　　　21~25　DCBCB　　　　26~30　　CABBC
31~35　BCDCD　　　　36~40　BBCDD　　　　41~45　　DDABB
46~50　DBADC　　　　51~55　ABCDC　　　　56~60　　ABCBD

习题 5 参考答案
1~5　　ABCCC　　　　6~10　　ADABD　　　　11~15　　DDDBB

16~20　DADAA　　　　21~25　DBAAB　　　　26~30　DABDA

习题 6 参考答案

1~5　BCCDC　　　　6~10　CADAB

习题 7 参考答案

1~5　BAAAB　　　　6~10　CAAAB

习题 8 参考答案

1~5　BAAAC　　　　6~10　DBBAB

习题 9 参考答案

1~5　AACAC　　　　6~10　BDAAD　　　　11~15　DDBCD
16~20　BDAAD

习题 10 参考答案

1~5　DCABC　　　　6~10　ACDAB　　　　11~15　DDCDA
16~20　ADABC　　　21~25　DBCAD　　　26~30　DABDA

第 3 部分
主教材各章习题参考答案

第 1 章　Python 语言概述

一、选择题

1~6　CDADDB

二、判断题

1~5　对错错错对

三、填空题

1. py　　pyw　　　　2. pip　　　　3. pip install numpy

四、简答题

1. 简述 Python 语言的特点。

答：Python 语言具有可读性好、简单易学、功能强大、跨平台、动态数据类型、面向对象编程、开源、大量标准库和第三方库以及可扩展性等特点。

2. 列举三个以上第三方库并简要描述其功能。

答：以下是一些常见的 Python 第三方库。

（1）NumPy：用于科学计算和数值分析的库，提供了多维数组对象和各种计算功能。

（2）Pandas：用于数据分析和处理的库，提供了灵活的数据结构和数据分析工具。

（3）Matplotlib：用于绘制数据图形的库，提供了多种绘图函数和图表类型。

（4）Scikit-learn：用于机器学习的库，提供了各种机器学习算法和工具。

（5）TensorFlow：用于机器学习和深度学习的库，提供了构建和训练神经网络的工具。

（6）PyTorch：用于机器学习和深度学习的库，提供了动态计算图和高级优化算法。

（7）BeautifulSoup：用于网页解析的库，提供了解析 HTML 和 XML 的工具。

（8）Requests：用于 HTTP 请求的库，提供了简单易用的接口来发送 HTTP 请求和处理响应。

（9）Django：用于 Web 应用程序开发的库，提供了一个完整的 MVC 框架和许多功能。

（10）Flask：用于 Web 应用程序开发的库，提供了一个轻量级的框架和易于扩展的工具。

3. 列举五条以上 Python 语言的编程规范。

答：以下是 Python 语言的部分编程规范。

（1）使用4个空格进行缩进。

（2）每行不超过79个字符，可以使用括号进行换行。

（3）在二元运算符前后加上空格，但不要在括号内加空格。

（4）函数定义和调用时，在逗号后面加上空格。

（5）使用小写字母和下划线命名变量和函数。

（6）使用有意义的变量和函数名，能够准确描述其功能和用途。

（7）使用全大写字母命名常量。

（8）注释应该清晰、简洁，并解释代码的意图和逻辑。

（9）明确捕获特定类型的异常，避免捕获所有异常。

（10）每个导入应该独占一行，避免使用通配符。

（11）应将导入语句放在文件顶部。

（12）按照标准库、第三方库和本地库的顺序导入模块，并在每个分组之间添加一个空行。

（13）避免使用全局变量，尽量使用局部变量。

第 2 章　数据表示与输入输出

一、选择题

1~5　BACDA　　　　6~10　CBCCB

二、判断题

1~5　对错对对对

三、填空题

1. False　　　2. 2　1　　　3. 2.67　　　4. 3　　　5. True
6. 1*2*3　　　7. 3.14　　　8. 11　　　9. 4　　　10. 5

四、简答题

1. 简述 Python 中标识符的命名规则。

答：在 Python 中，标识符的命名遵循下面的规则。

（1）标识符可以由字母、数字和下划线（_）组成。

（2）标识符不能以数字开头，但可以包含数字。

（3）标识符不能是 Python 的关键字。

2. 如何查看 Python 中的关键字？请上机验证。

答：可以使用以下命令查看 Python 当前版本的关键字。

```
import keyword
print(keyword.kwlist)
```

3. Python 的数据类型有哪些？

答：Python 的数据类型主要有以下几种。

（1）整型（int）：整数，包括正整数、负整数和零。例如，1，-5，0。

（2）浮点型（float）：小数，包括正小数、负小数和零。例如，1.2，-3.4，0.0。

（3）字符串（str）：由字母、数字、下划线和汉字等组成的一串字符。例如，"hello"，"123"，"abcdef"。

（4）列表（list）：一个有序的元素集合，元素可以重复且可以修改。例如，[1, 2, 3]。

（5）元组（tuple）：一个有序的元素集合，元素可以重复但不可以修改。例如，(1, 2, 3)。

（6）字典（dict）：一个键值对集合，其中每个元素由一个键和一个值组成。例如，{"name":" 张三 ", "age": 30, "city":" 北京 "}。

（7）集合（set）：一个无序的元素集合，元素不可重复。例如，{1, 2, 3}。

（8）布尔型（bool）：布尔值，表示真或假。例如，True，False。

（9）复数（complex）：复数，由实部和虚部组成，实部和虚部都是浮点数。例如，1+2j，-3+4j。

4.惰性求值是什么？请举例说明。

答：惰性求值是一种计算策略，用于在逻辑表达式中进行条件判断时，只计算必要的部分而跳过不必要的计算。当使用 and 运算符时，如果左侧的表达式为假（False），则整个表达式的结果一定为假，此时右侧的表达式不会被计算。同样地，当使用 or 运算符时，如果左侧的表达式为真（True），则整个表达式的结果一定为真，此时右侧的表达式不会被计算。例如：

```
>>> 3 > 4 and x > 5            # 3>4的结果为False,整个结果必然为False,x>5不再计算
False
>>> 3 > 4 or x > 5             # 3>4的结果为Flase,需要计算右边的式子,变量x未定义出错
Traceback (most recent call last):
  File "<pyshell#3>", line 1, in <module>
    3 > 4 or x > 5
NameError: name 'x' is not defined
>>> 3 < 4 or x > 5             # 3<4的结果为True,整个结果必然为True,x>5不再计算
True
```

5.内置函数、标准库函数和第三方库函数在使用上有何区别？

答：内置函数可以直接在代码中使用而无需导入额外的模块；标准库函数使用时需要先导入相应的库，然后再调用其中的对象和函数；第三方库需要先下载安装，然后再像标准库一样导入使用。

第 3 章　程序控制结构

一、选择题

1~5　BAABA　　　　6~10　BDCCC

二、程序改错题

1. g = n % 10；　print(max(g, s, b))

2. father=42；　while father!=2*daughter:

3. for i in range(1, int(n)+1, 2) 或 for i in range(1, eval(n)+1, 2):；　for j in range(1, i+1):

三、程序填空题

1. m>0 and n>0: 或 m>0 and 0<n:;   b,a%b
2. p = (a+b+c)/2;   s = (p*(p-a)*(p-b)(p-c)**0.5
3. if n%i == 0:;   break

四、编程题

1. 求 π 的近似值，有 π/4=1-1/3+1/5-1/7+⋯，直到某项的绝对值小于 10^{-6} 为止。

```
s, n, t = 0, 1, 1
while 1 / n >= 1e-6:
    s = s + t / n
    t = -t
    n += 2
print("π的值为:{}".format(4*s))
```

2. 求 S=1-1/3!+1/5!-1/7!+⋯+(-1)^(N-1)/(2×N-1)!（N≥1），N 由键盘输入。

```
n = int(input("请输入整数N(N>=1):"))
s, t = 0, 1
for i in range(1, n + 1):
    p = 1
    for j in range(1, 2 * i):
        p = p * j
    s = s + t / p
    t = -t
print("s的值为:{}".format(s))
```

3. 从键盘输入 N 个实数，求最大数与最小数之和。

```
n = int(input("请输入数的个数N(N>=2):"))
m_max = m_min = float(input("请输入第1个数:"))
for i in range(2, n + 1):
    x = float(input("请输入第{}个数:".format(i)))
    if m_max < x: m_max = x
    if m_min > x: m_min = x
print(m_max + m_min)
```

4. 求 2~500 之间所有素数的和，结果保存在变量 s 中。

```
from math import *
s = 0
for n in range(2, 501):
    for k in range(2, int(sqrt(n)) + 1):
        if n % k == 0:
            break
    else:
        s += n
print("2~500之间的所有素数之和为:{}".format(s))
```

5. 从键盘输入一个由数字构成的数据。例如输入的数据为252634186，分别求：
（1）其中包含的数字4的个数；
（2）奇数与偶数的个数；
（3）奇数与偶数之和。

```
n = int(input("请输入一个正整数:"))
num_even, num_odd, sum_even, sum_odd, sum_4 = 0, 0, 0, 0, 0
while n > 0:
    k = n % 10
    if k == 4: sum_4 += 1
    if k in [0, 2, 4, 6, 8]:
        num_even += 1
        sum_even += k
    else:
        num_odd += 1
        sum_odd += k
    n //= 10
print("数字4的个数为:{}".format(sum_4))
print("奇数的个数为:{}\n奇数的和为:{}".format(num_odd, sum_odd))
print("偶数的个数为:{}\n偶数的和为:{}".format(num_even, sum_even))
```

6. 求2000—3000年之间的所有闰年年份，每行打印五个，以"\t"间隔。

```
i = 0
for year in range(2000, 3001):
    if year % 4 == 0 and year % 100 != 0 or year % 400 == 0:
        print(year, end = "\t")
        i += 1
        if i % 5 == 0: print()
```

7. 求解经典的"百马百担"问题，有一百匹马，驮一百担货，大马驮3担，中马驮2担，两只小马驮1担，问大、中、小马各几匹？

```
for x in range(0, 34):
    for y in range(0, 51):
        z = 100 - x - y
        if 3 * x + 2 * y + z / 2 == 100:
            print("大马:{}\t中马:{}\t小马:{}".format(x, y, z))
```

8. 求100~999之间的所有水仙花数。

```
for x in range(100, 1000):
    g = x % 10
    s = x // 10 % 10
    b = x // 100
    if g ** 3 + s ** 3 + b ** 3 == x:
        print(x, end = "\t")
```

9. 打印输出图 3-3-42 所示的九九乘法表：

```
1)  1
2)  2   4
3)  3   6   9
4)  4   8   12  16
5)  5   10  15  20  25
6)  6   12  18  24  30  36
7)  7   14  21  28  35  42  49
8)  8   16  24  32  40  48  56  64
9)  9   18  27  36  45  54  63  72  81
```

图 3-3-42 输出图形

```python
for i in range(1, 10):
    print("{})".format(i), end = "")
    for j in range(1, i + 1):
        print("  {}".format(i * j), end = "")
    print()
```

10. 打印输出图 3-3-43 所示的图形。

```
*********              A
 *******              BBB
  *****              CCCCC
   ***              DDDDDDD
    *              EEEEEEEEE
```

图 3-3-43 输出图形

（1）参考程序代码如下：

```python
for i in range(1, 6):
    for j in range(1, 2 + i):
        print(" ", end = "")
    for k in range(1, 12 - 2 * i):
        print("*", end = "")
    print()
```

（2）参考程序代码如下：

```python
for i in range(1, 6):
    for j in range(0, 6 - i):
        print(" ", end = "")
    for k in range(1, 2 * i):
        ch = chr(64 + i)
        print("{}".format(ch), end = "")
    print()
```

第 4 章　序列与计算

一、选择题

1~5　CBCBB　　　6~10　CCDBA　　　11~13　DDA

二、填空题

1. +　　　2. 0　n-1　　　3. -1　-n　　　4. len()　　　5. upper()

三、编程题

1. 输入一个字符串，统计并输出字母 a 和字母 e 出现的次数，输出格式中次数之间用英文 ',' 分隔。

参考程序代码如下：

```
s = input()
a = s.count('a')
b = s.count('e')
print(a, b, sep = ',')
```

2. 将英文文本中的单词进行倒置，标点不倒置。假设单词之间使用一个或多个空格进行分隔。比如，英文文本 "A grain of millet is planted in spring and thousands of seeds are harvested in autumn." 被倒置后为 "autumn. in harvested are seeds of thousands and spring in planted is millet of grain A"。

参考程序代码如下：

```
import re
s = input('请输入英文文本：')
wlist = re.split('\s+', s.strip())
rlist = wlist[::-1]
rs = ' '.join(rlist)
print(rs)
```

3. 斐波那契数列，又称黄金分割数列，指的是这样一个数列：0、1、1、2、3、5、8、13、21、34…。在数学上，被以递归的方法定义：$F(0)=0$，$F(1)=1$，$F(n)=F(n-1)+F(n-2)$（$n \geq 2$，$n \in \mathbf{N}^*$）。编程实现，输入 n（$n \geq 2$），输出斐波那契数列，每个数字之间用空格分隔。

参考程序代码如下：

```
flag = 1
lst = []
while flag == 1:
    n = int(input('请输入n(n>=2):\n'))
    if n >= 2:
        for i in range(n + 1):
            if i == 0 or i == 1:
                lst.append(i)
            else:
                lst.append(lst[i - 1] + lst[i - 2])
        flag = 0
```

```
        else:
            print('你输入的数字不在要求范围内,请重新输入!')
            flag = 1
    for j in lst:
        print(j, end = ' ')
```

4. 中国载人航天工程取得了举世瞩目的成就。编写程序,创建一个字典 dicta,使用飞船的名称作为字典的键,发射时间作为对应的字典的值,即:

```
dicta = {'神舟一号':'1999年11月20日', '神舟二号':'2001年01月10日',\
        '神舟三号':'2002年03月25日', '神舟四号':'2002年12月30日',\
        '神舟五号':'2003年10月15日', '神舟六号':'2005年10月12日',\
        '神舟七号':'2008年09月25日', '神舟八号':'2011年11月01日',\
        '神舟九号':'2012年06月16日', '神舟十号':'2013年06月11日',\
        '神舟十一号':'2016年10月17日', '神舟十二号':'2021年06月17日',\
        '神舟十三号':'2021年10月16日', '神舟十四号':'2022年06月05日',\
        '神舟十五号':'2022年11月29日', '神舟十六号':'2023年05月30日',\
        '神舟十七号':'2023年10月26日', '神舟十八号':'2024年04月25日'}
```

并且,用户可以输入飞船名称,查询发射时间。

参考程序代码如下:

```
dicta = {'神舟一号':'1999年11月20日', '神舟二号':'2001年01月10日',\
        '神舟三号':'2002年03月25日', '神舟四号':'2002年12月30日',\
        '神舟五号':'2003年10月15日', '神舟六号':'2005年10月12日',\
        '神舟七号':'2008年09月25日', '神舟八号':'2011年11月01日',\
        '神舟九号':'2012年06月16日', '神舟十号':'2013年06月11日',\
        '神舟十一号':'2016年10月17日', '神舟十二号':'2021年06月17日',\
        '神舟十三号':'2021年10月16日', '神舟十四号':'2022年06月05日',\
        '神舟十五号':'2022年11月29日', '神舟十六号':'2023年05月30日',\
        '神舟十七号':'2023年10月26日', '神舟十八号':'2024年04月25日'}
shenzhou = input('输入查询的神舟飞船号: ')
riqi = dicta.get(shenzhou)
print(f'发射日期是: {riqi}')
```

5. 某学校举办了语文和数学两门课程的竞赛。语文竞赛前十名的学生名单是:宋合、许雅婷、王胜茹、冯程轩、林静怡、陈韶涵、张志文、叶博宇、刘佳宇、吴惠美。数学竞赛前十名的学生名单是:许雅婷、赵亚顺、黄静雯、陈韶涵、王宗清、刘佳宇、蔡郑欣、张明瀚、李佳德、林志鹏。编程实现:使用集合运算,求同时进入两门课程竞赛前十名的学生姓名。

参考程序代码如下:

```
CSet = {'宋合', '许雅婷', '王胜茹', '冯程轩', '林静怡', '陈韶涵', '张志文', '叶博宇',
'刘佳宇', '吴惠美'}
MSet = {'许雅婷', '赵亚顺', '黄静雯', '陈韶涵', '王宗清', '刘佳宇', '蔡郑欣', '张明瀚',
'李佳德', '林志鹏'}
```

```
CoSet = CSet & MSet
print('同时进入两门课程竞赛前十名的学生有：')
for i in CoSet:
    print(i, end = ' ')
```

 第 5 章 函 数

一、选择题

1~5 ACCCA   6~10 DADAB

二、填空题

1. 2   2. 8   3. 13 和 8   4. 9 和 12

5. （1）sign = False   （2）num_list[j], num_list[j+1] = num_list[j+1], num_list[j]
   （3）[0, 3, 4, 5, 7, 15, 25, 28, 90]

三、编程题

1. 编写一个函数 odd_or_even(x)，要求键盘输入一个正整数 n，判断 n 是否为偶数，若是偶数则输出"偶数"，否则输出"奇数"。

```
def odd_or_even(x):
    if(x % 2 == 0):
        print('偶数')
    else:
        print('奇数')
n = int(input())
odd_or_even(n)
```

2. 编写函数 reverse_str(xstr)，要求使用递归的方式实现字符串 ystr= " 枝云间石峰，脉水浸山岸；池清戏鹄聚，树秋飞叶散 " 的反转，并输出结果。（该诗句出自南北朝萧纲的《和湘东王后园回文诗》）

```
def reverse_str(xstr):
    if xstr == "":
        return xstr
    else:
        return reverse_str(xstr[1:]) + xstr[0]
ystr = "枝云间石峰，脉水浸山岸；池清戏鹄聚，树秋飞叶散"
print(reverse_str(ystr))
```

 第 6 章 文 件

一、选择题

1~6 BCDCAA

二、判断题

1~5 对对错对对

三、填空题

1. 关闭　　　　2. 二进制　　　　3. with　　　　4. exists　　　　5. 你好张三

四、编程题

1. 当前文件夹下有一个文本文件"七言律诗.txt",将其中的最后四行写入"七言律诗(新).txt"。

```python
with open("七言律诗.txt", "r", encoding = "utf_8") as f:
    lst = f.readlines()
with open("七言律诗(新).txt", "w", encoding = "utf_8") as f:
    lst_length = len(lst)
    for i in range(lst_length - 4, lst_length):
        f.write(lst[i])
```

2. 在当前文件夹下有"score.csv"文件,内容如图 7-25 所示,统计输出各科成绩的最高分。

```python
import csv
with open('score.csv', 'r', encoding = 'utf_8') as file:
    rows = csv.reader(file)
    sx = []                    # 存放数学成绩的列表
    yw = []                    # 存放语文成绩的列表
    yy = []                    # 存放英语成绩的列表
    header = next(rows)        # 读取并跳过标题行
    for row in rows:
        sx.append(row[4])
        yw.append(row[5])
        yy.append(row[6])
    print(f"数学最高分为{max(sx)}。")
    print(f"语文最高分为{max(yw)}。")
    print(f"英语最高分为{max(yy)}。")
```

3. 将文件夹"D:\demo"下的所有文件和文件夹名保存至当前文件夹下的"dict.txt"文件中。

```python
import os
with open("dict.txt", "w", encoding = "utf_8") as f:
    for x in os.listdir(r"D:\demo"):
        f.write(x + "\n")
```

4. 将文件夹"D:\demo"及其子文件夹下的所有 txt 文件合并到"total.txt"文件中。

```python
import os
with open("total.txt", "a", encoding = "utf_8") as outfile:
    for root, dirs, files in os.walk(r"D:\demo"):
        for name in files:
```

```
            if os.path.splitext(name)[1] == '.txt':
                with open(os.path.join(root, name), "r", encoding = "utf_8") as f:
                    s = f.read()
                    print(s)
                    outfile.write(s)
```

5. 将文件夹"D:\demo"及其子文件夹下的所有大小为 0 的文件删除。

```
import os
for root, dirs, files in os.walk(r"D:\demo"):
        for name in files:
                filename = os.path.join(root, name)
                if os.path.getsize(filename) == 0:
                    print("删除" + filename)
                    os.remove(filename)
print("程序执行完毕！")
```

第 7 章　面向对象程序设计

一、选择题

1~5　AAACA

二、简答题

1. 面向对象程序设计具有三大特征是什么？

（1）答：封装（encapsulation）。把对象的数据（属性）及其数据的操作方法封装在一起，形成抽象的类，称之为封装。类的内部信息对外界是隐藏的，外界只能通过相应的接口与类的对象建立关联，而且类可以选择性地把其自身的数据、方法让可信的对象或者类进行调用。这样可提高代码的安全性和复用性。封装为构建模块化的软件结构提供了良好的基础。

（2）继承（inheritance）。从一个已有的类可以构造出新类。这个已有的类成为父类，新类成为子类。子类不仅继承了父类的所有属性和方法，而且还可以具有新的属性和方法。继承是后者延续前者某方面的特点，在面向对象程序设计中，是子类对父类的某些属性或方法等进行复制或者延续，这样可提高其代码的复用性和扩展性。

（3）多态（polymorphism）。不同的对象接收相同的消息可能产生完全不同的行为，即具有多种形态，简称多态。多态可提高了程序的复用性和扩展性。

2. 什么是面向对象程序设计的类和对象？两者之间的关系是什么？

答：类是面向对象编程方法中最基本的数据结构，用来描述具有相同的数据（属性）和方法的对象集合，即定义了一个集合中每个对象所共有的属性和方法，相当于把数据和操作方法绑定在一起。类是对具有相同特征或行为的事物的一个统称，是抽象的。

类的对象是通过类创建出来的一个具体存在，对象是具体的，可以直接使用。对象由哪一个类创建出来，就具有在那一个类中定义的属性和方法。可见类和数学中集合的概念相似，对象相当于集合中的个体。

3. 面向对象程序设计中私有成员和公有成员的区别？

答：在 Python 语言中，公有成员（包括公有属性或公有方法）在类体内的内外均可以访问，私有成员（包括私有属性或私有方法）只能在类体中访问。

三、填空题

1. class　　　　2. 自下而上　对象　　　　3. 比亚迪

四、编程题

定义一种植物类，具有名称（name）和开花季节（season）等公有属性和一个公有的 sun() 方法，要求调用 sun() 方法，输出该植物的私有属性种植方法（plantmethod）和公有属性开花季节（season）。

参考代码如下：

```
class Plant:
    def init(self, name, season):
        self.name = name
        self.season = season

    def sun(self):
        pass

class Rose(Plant):
    _ _plantmethod = "soli"

    def init(self, name, season, plantmethod):
        super().init(name, season)
        self.plantmethod = plantmethod

    def sun(self):
        s = self.plantmethod
        t = self.season
        print("玫瑰花的种植方法是{}，开花季节是{}".format(s, t))

SS = Rose('rose', 'spring and summer', 'soli')
SS.sun()
```

第 8 章　Python 第三方库与应用

选择题

1~5　DACDB　　　　6~10　CCBCC

第 9 章　Python 数据库设计与应用

一、选择题

1~5　ABBDC

二、填空题

1. 实体；联系　　　2. 一对一；一对多；多对多　　　3. sqlite3

三、简答题

1. 数据库管理系统有哪些功能？

答：（1）数据定义：提供了数据定义语言（data definition language, DDL），供用户定义数据库结构，建立所需的数据库和表。

（2）数据存取：提供了数据操纵语言（data manipulation language, DML），实现对数据库和表中的数据进行基本的存取操作：检索、插入、修改和删除。

（3）数据库运行管理：提供了核心控制程序，实现对数据库运行操作的统一管理，包括安全性、完整性和并发控制等。

（4）数据库的建立和维护：提供了一组实用程序，完成数据库初始数据的载入、转换，数据库的转储、恢复、重组织、性能监视和分析等。

（5）数据库的传输：提供处理数据的传输，实现用户程序与 DBMS 之间的通信。

2. E-R 方法描述关系数据库模型的规则有哪些？

答：E-R 方法的规则是：用长方形表示实体，并在长方形内写上实体名称；用椭圆表示实体属性，椭圆内写上属性名称，并用无向边（即直线）将实体与其属性连接起来；用菱形表示实体间的联系，菱形框内写上联系名称，并用无向边将菱形与相关实体相连接，在无向边旁标上联系的类型（1:1、1:n、m:n）。若实体之间的联系也具有属性，则把属性和菱形也用无向边连接上。

3. 关系模型的数据完整性约束有哪些？

答：（1）实体完整性：要求基本关系的所有主键对应的属性不能为空，且主键取值具有唯一性，即通过主键就可以区别不同的记录。

（2）参照完整性：也称为引用完整性。参照完整性指明多个表之间的关联关系，它不允许引用不存在的记录。比如，在选课数据表中的学生必须受限于学生数据表中存在的学生。

（3）用户自定义完整性：又称为域完整性或应用语义完整性，是针对某一具体应用定义的数据必须满足的取值类型及取值范围。例如，学生考试成绩的取值范围为 0~100。

4. 如何理解 SQL 是非过程化语言？

答：使用 SQL 时，只需要告诉计算机"做什么"，而不需要告诉它"怎么做"。

5. 简述 SQLite 数据库表的插入的一般步骤。

答：（1）建立数据库连接。

（2）创建游标对象 cur，使用 cur.execute(sql) 执行 SQL 的 INSERT 等语句完成数据库记录的插入操作，并根据返回值判断操作结果。

（3）提交操作。

（4）关闭数据库。

6. 简述 SQLite 数据库表的查询的一般步骤。

答：（1）建立数据库连接。

（2）创建游标对象 cur，使用 cur.execute(sql) 执行 SQL 的 SELECT 语句。

（3）循环输出结果。

四、编程题

1. 在 D:/ 目录下，创建 mytest.db 数据库。

参考程序代码如下：

```
import sqlite3                                  # 导入Python SQLite数据库模块
conn = sqlite3.connect("D:/mytest.db")          # 创建SQLite数据库
```

2. 在 mytest.db 数据库中创建数据表 stuscore。数据表 stuscore 包含四个字段：stuid、stuname、course 和 score，分别表示学号、姓名、课程、成绩，其中 stuid 为主键。

参考程序代码如下：

```
import sqlite3
conn = sqlite3.connect("D:/mytest.db")
# 创建数据库表score
conn.execute("CREATE TABLE stuscore(stuid PRIMARY KEY, stuname, course, score)")
```

3. 向数据表 stuscore 中添加三条记录，记录见表 3-9-1。

表 3-9-1　stuscore 表三条记录

stuid	stuname	course	score
202452125101	肖青可	大学计算机	95
202459225109	杨林峰	大学计算机	83
202459455101	王嘉明	大学计算机	78

参考程序代码如下：

```
import sqlite3
conn = sqlite3.connect("D:/mytest.db")
cur = conn.cursor()
stulist=[('202452125101', '肖青可', '大学计算机', '95'),
        ('202459225109', '杨林峰', '大学计算机', '83'),
        ('202459455101', '王嘉明', '大学计算机', '78')]
cur.executemany('''INSERT INTO stuscore(stuid, stuname, course, score)
VALUES(?, ?, ?, ?) ''', stulist)                 # 插入三行记录
conn.commit()
cur.close()
conn.close()
```

4. 将数据表 stuscore 中学号为 202459455101 的成绩修改为 80。

参考程序代码如下：

```
import sqlite3
```

```
conn = sqlite3.connect("D:/mytest.db")
cur = conn.cursor()
cur.execute("UPDATE stuscore SET score = ? WHERE stuid = ?",\
            ('80', '202459455101'))
conn.commit()
cur.close()
conn.close()
```

5. 删除数据表 stuscore 中学号为 202459225109 的记录。

参考程序代码如下：

```
import sqlite3
conn = sqlite3.connect("D:/mytest.db")
cur = conn.cursor()
cur.execute("DELETE FROM stuscore WHERE stuid = ?", ('202459225109', ))
conn.commit()
cur.close()
conn.close()
```

6. 查询数据表 stuscore 中学号为 202452125101 的学生的成绩。

参考程序代码如下：

```
import sqlite3
conn = sqlite3.connect("D:/mytest.db")
cur = conn.cursor()
cur.execute("SELECT score FROM stuscore WHERE stuid = ?", ('202452125101', ))
for row in cur:
    print(row)
```

第 10 章　Python 图形界面设计与应用

一、选择题

1~5　DBDBD　　　6~10　DDCAA

二、编程题

1. 设计一个"素数判定"界面，如图 3-10-26 所示，其功能为判断在文本框中输入的任一自然数是否为素数，若为素数则在标签上显示红色的"** 是素数！"，否则显示红色的"** 不是素数！"。

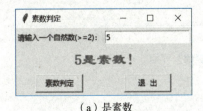
（a）是素数

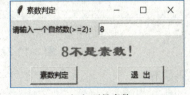
（b）不是素数

图 3-10-26　"素数判定"界面

参考代码如下:

```
from tkinter import *
from math import *
myroot = Tk()
myroot.title("素数判定")
Label(myroot, text = "请输入一个自然数(>=2): ").grid(row = 0, column = 0)
v = StringVar()
ety = Entry(myroot, textvariable = v)
ety.grid(row = 0, column = 1, padx = 3, pady = 5)
lb = Label(myroot, text = '', fg = "red", font = ("隶书", 18, "bold"))
lb.grid(row = 1, column = 0, columnspan = 2, padx = 3, pady = 5)
def even_add():
    n = int(ety.get())
    for k in range(2, int(sqrt(n)) + 1):
        if n % k == 0:
            lb['text'] = "{}不是素数!".format(n)
            break
    else:
        lb['text'] = "{}是素数!".format(n)
Button(myroot, text="素数判定", width = 10, command = even_add).grid(row = 2, column = 0, padx = 6, pady = 5)
Button(myroot, text = "退出", width = 10, command = myroot.destroy).grid(row = 2, column = 1, padx = 6, pady = 5)
myroot.mainloop()
```

2. 社会主义核心价值观基本内容包括：富强、民主、文明、和谐、自由、平等、公正、法治、爱国、敬业、诚信、友善。请设计一个"选择关键词"界面，如图 3-10-27 所示，将这 12 个关键词录入，显示在左侧列表框中。通过中间的按钮，将选择的单个关键词移到右侧列表框中，或者将左侧的所有关键词一次性移到右侧列表中，反之亦然。

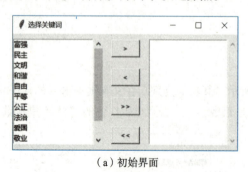
（a）初始界面

（b）选择向右

图 3-10-27 "选择关键词"界面

参考代码如下:

```
from tkinter import *
def dbtl():
```

```
        for x in lstl.curselection():
            lstr.insert(END, lstl.get(x))
            lstl.delete(x)
    def dbtr():
        for y in lstr.curselection():
            lstl.insert(END, lstr.get(y))
            lstr.delete(y)
    def dbtl_all():
        n = lstl.size()
        for h in range(n):
            lstr.insert(END, lstl.get(h))
        lstl.delete(0, n - 1)
    def dbtr_all():
        n = lstr.size()
        for i in range(n):
            lstl.insert(END, lstr.get(i))
        lstr.delete(0, n - 1)
myroot = Tk()
myroot.title("选择关键词")
keywords = ['富强', '民主', '文明', '和谐', '自由', '平等', '公正', '法治', '爱国',
'敬业', '诚信', '友善']
fr1 = Frame(myroot)
fr2 = Frame(myroot)
fr3 = Frame(myroot)
fr1.grid(row = 0, column = 0)
fr2.grid(row = 0, column = 1)
fr3.grid(row = 0, column = 2)
lstl = Listbox(fr1)
lstr = Listbox(fr3)
for item in keywords:
    lstl.insert(END, item)
lstl.pack(side = LEFT, fill = BOTH)
lstr.pack(side = LEFT, fill = BOTH)
slbl = Scrollbar(fr1)
slbr = Scrollbar(fr3)
slbl.pack(side = RIGHT, fill = Y)
slbr.pack(side = RIGHT, fill = Y)
lstl.config(yscrollcommand = slbl.set)
lstr.config(yscrollcommand = slbr.set)
slbl.configure(command = lstl.yview)
slbr.configure(command = lstr.yview)
btl = Button(fr2, text = ">", width = 6, command = dbtl)
```

```
btl.grid(row = 0, column = 1, padx = 15, pady = 10)
btr = Button(fr2, text = "<", width = 6, command = dbtr)
btr.grid(row = 1, column = 1, padx = 15, pady = 10)
btl_all = Button(fr2, text = ">>", width = 6, command = dbtl_all)
btl_all.grid(row = 2, column = 1, padx = 15, pady = 10)
btr_all = Button(fr2, text = "<<", width = 6, command = dbtr_all)
btr_all.grid(row = 3, column = 1, padx = 15, pady = 10)
myroot.mainloop()
```

3. 设计一个罗列符合条件的素数的界面，如图 3-10-28 所示。在文本框中输入任一自然数，按回车键后，在下面的列表框中显示不大于该数的所有素数，并显示这些素数的和值。

参考代码如下：

```
from tkinter import *
from math import *
def call_back(event):
    n = int(ety.get())
    print(n)
    s, k = 0, 0
    for i in range(2, n + 1):
        for k in range(2, int(sqrt(i)) + 1):
            if i % k == 0:
                break
        else:
            lst.insert(END, i)
            s += i
    lb["text"] = "素数之和为：{}".format(s)
myroot = Tk()
myroot.title("显示符合条件的素数")
Label(myroot, text = "输入一个正整数:").grid(row = 0, column = 0, padx = 2, pady = 5, sticky = "w")
v = StringVar()
ety = Entry(myroot, textvariable = v, width = 12)
ety.grid(row = 0, column = 1, padx = 5, pady = 5, sticky = "w")
Label(myroot, text = "不大于该数的所有素数为：").grid(row = 1, column = 0, padx = 2, pady = 5)
lst = Listbox(myroot)
lst.grid(row = 1, column = 1, padx = 5, pady = 5)
lb = Label(myroot, text = '素数之和为：', fg = "blue", font = ("Times New Roman", 12, "bold"))
lb.grid(row = 2, column = 0, columnspan = 2, padx = 5, pady = 5, sticky = "w")
ety.bind("<Return>", call_back)
myroot.mainloop()
```

4. 设计一个"着色器"界面,如图 3-10-29 所示,单击按钮"选择颜色",弹出"颜色"对话框,选择一种颜色后,按钮上方的字体自动设置为相应颜色。

图 3-10-28　显示符合条件的素数界面　　　　图 3-10-29　"着色器"界面

参考代码如下:

```python
from tkinter import *
from tkinter.colorchooser import *
myroot = Tk()
myroot.title("着色器")
myroot.geometry("450x200")
def return_color():
    result = askcolor(title = "颜色库")
    # lb.config(text = '返回颜色值:{}'.format(result), fg = result[1])
    lb.config(fg = result[1])
lb = Label(myroot, text = '荷塘月色', font = ("微软雅黑", 36, "bold"))
lb.pack(padx = 20, pady = 20)
bt = Button(myroot, text= "选择颜色", command = return_color, width = 10, height = 2)
bt.pack(padx = 5, pady = 5)
myroot.mainloop()
```

5. 设计一个"设置字符格式"界面,如图 3-10-30 所示。在文本框中输入一行文字,单击下面框中的格式按钮,文字的格式将被设置成相应的形式。单选按钮只能选择其中的一项,复选框可以同时多选。

参考代码如下:

```python
from tkinter import *
def clc_check():
    et.config(fg = clr.get())
def type_check():
    type = bld.get() + ilc.get()
    if type == 1:
        et.config(font = ("宋体", 18, "bold"))
    elif type == 2:
        et.config(font = ("宋体", 18, "italic"))
    elif type == 3:
```

```
            et.config(font = ("宋体", 18, "bold italic"))
        else:
            et.config(font = ("宋体", 18))
myroot = Tk()
myroot.title("设置字符格式")
txt_v = StringVar()
et = Entry(myroot, font = ("宋体", 18), textvariable = txt_v, width = 30)
et.pack(padx = 25, pady = 10)
clr = StringVar()
clr.set("red")
fm = Frame(myroot, relief = 'groove', bd = 2)
fm.pack(padx = 10, pady = 10)
rb1 = Radiobutton(fm, text = "红色", variable = clr, value = "red", command = clc_check, padx = 25, pady = 5)
rb1.grid(row = 0, column = 0)
rb2 = Radiobutton(fm, text = "绿色", variable = clr, value = "green", command = clc_check, padx = 25, pady = 5)
rb2.grid(row = 0, column = 1)
rb3 = Radiobutton(fm, text = "蓝色", variable = clr, value = "blue", command = clc_check, padx = 25, pady = 5)
rb3.grid(row = 0,column = 2)
bld = IntVar()
cb1 = Checkbutton(fm, text = "粗体", variable = bld, onvalue = 1, offvalue = 0, command = type_check, padx = 25, pady = 5)
cb1.grid(row = 1, column = 0)
ilc = IntVar()
cb2 = Checkbutton(fm, text = "斜体", variable = ilc, onvalue = 2, offvalue = 0, command = type_check, padx = 25, pady = 5)
cb2.grid(row = 1, column = 1)
myroot.mainloop()
```

6. 设计一个"显示系统日期"界面，如图 3-10-31 所示，蓝色字体，其值随系统日期自动更新。

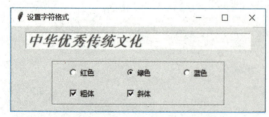

图 3-10-30 "设置字符格式"界面

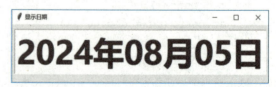

图 3-10-31 显示系统日期界面

参考代码如下：

```
from tkinter import *
from time import *
```

```
    myroot = Tk()
    myroot.title("显示日期")
    myroot.geometry('550x120+80+80')
    def g_date():
        v.set(strftime("%Y年%m月%d日"))
    v = StringVar()
    tex = Entry(myroot, textvariable = v, fg = 'blue', justify = CENTER,
font = ("微软雅黑", 50, "bold"))
    tex.pack(padx = 5, pady = 10)
    g_date()
    myroot.mainloop()
```

7. 绘制一个彩色同心圆，如图 3-10-32 所示。颜色由外到内分别为 red、orange、yellow、green、blue、cyan、purple、white。请采用至少两种方法实现。

方法一参考代码如下：

```
    from tkinter import *
    myroot = Tk()
    myroot.title("彩色同心圆")
    cv = Canvas(myroot, width = 500, height = 500)
    cv.pack()
    k = 30
    color = ["red", "orange", "yellow", "green", "blue", "cyan", "purple", "white"]
    for i in range(0, 8):
        cv.create_arc(5 + k, 5 + k, 500 - k, 500 - k, start = 0, extent = 359.9999,
width = 2, outline = color[i], fill = color[i])
        k += 20
    myroot.mainloop()
```

方法二参考代码如下：

```
    from tkinter import *
    myroot = Tk()
    myroot.title("彩色同心圆")
    cv = Canvas(myroot, width = 500, height = 500)
    cv.pack()
    k = 30
    color = ["red", "orange", "yellow", "green", "blue", "cyan", "purple", "white"]
    for i in range(0, 8):
        cv.create_oval(5 + k, 5 + k, 500 - k, 500 - k, width = 2, outline = color[i],
fill = color[i])
        k += 20
    myroot.mainloop()
```

8. 设计一个"时钟"界面，如图 3-10-33 所示。时钟上包括绿色的表盘，黑色的数字，根据系统时间自动跳动的秒针（红色）、分针（绿色）和时针（黑色）。

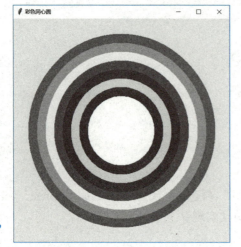

图 3-10-32　彩色同心圆　　　　　　　　图 3-10-33　时钟

参考代码如下：

```python
from tkinter import *
from time import *
from math import *
myroot = Tk()
myroot.title("时钟")
cv = Canvas(myroot, width = 310, height = 310)
cv.pack()
for i in range(12):
    x = 150 + 120 * sin(i * pi / 6)
    y = 150 - 120 * cos(i * pi / 6)
    if i == 0: k = 12
    else: k = i
    cv.create_text(x, y, text = str(k), font = ("Arial", 14, "bold"))
    cv.create_oval(20, 20, 280, 280, width = 6, outline = 'green')
def upd_clock():
    t = localtime(time())
    hour = t.tm_hour % 12
    minute = t.tm_min
    second = t.tm_sec
    ag_hour = hour * 30 + minute / 2
    ag_minute = minute * 6
    ag_second = second * 6
    x1 = 150 + 50 * sin(ag_hour * pi / 180)
    y1 = 150 - 50 * cos(ag_hour * pi / 180)
    x2 = 150 + 80 * sin(ag_minute * pi / 180)
```

```
        y2 = 150 - 80 * cos(ag_minute * pi / 180)
        x3 = 150 + 100 * sin(ag_second * pi / 180)
        y3 = 150 - 100 * cos(ag_second * pi / 180)
        cv.delete("clock")
        cv.create_line(150, 150, x1, y1, width = 5, tag = "clock")
        cv.create_line(150, 150, x2, y2, fill = "green", width = 3, tag = "clock")
        cv.create_line(150, 150, x3, y3, fill = "red", width = 2, tag = "clock")
        myroot.after(1000, upd_clock)
upd_clock()
myroot.mainloop()
```

附录 A
"Python 程序设计"无纸化考试系统

"Python 程序设计"考试系统吸收了目前市面上流行的课程考试系统功能及界面设计技术，采用 C/S 架构，界面友好，操作便捷，符合应试人员操作习惯。该系统可实现全自动组卷、评分、考生答卷生成、考生考试资料（分数、答题明细、试卷等）自动上传备份等功能。能够根据知识题出题并设定评分模式，能够对考试过程中出现的异常情况进行处理，从多方面保障考生能够实现一旦参加考试便能抽题并完成答题，一旦考试便能回收其所有答题信息并自动生成试卷。

考试题型包括选择题、基本操作题、程序填空题、程序改错题、综合应用题等，可以根据需要自由选择题型分模块进行组卷，并可以根据需要设定考试时间。

整个考试系统包括考生客户端、试题管理端、考试服务端。考生客户端由系统管理员将状态可设为"模拟练习"和"正式考试"两种模式。"模拟练习"主要用于考前练习，让学生熟悉考试环境、题型及答题方式。该模式可以显示得分和答题明细。"正式考试"为标准考试，一般设为不显示得分情况。试题管理端用于教师出题，设定评分规则。考试管理端用于组织考试，包括题型、题量、考试过程监控、异常处理等。

【主要内容】
- 考生客户端。
- 试题管理端。
- 考试服务端。

一、考生客户端

考生客户端用于应试人员进行"模拟练习"和"正式考试"，界面类似，操作方法相同。这里主要介绍"正式考试"模式的操作方法，主要分为登录、答题、交卷以及异常情况处理四部分。

（一）登录

登录的操作步骤及方法如下：

①双击桌面上的考试系统快捷方式，如附图 A-1 所示，启动考生客户端，出现系统首页界面，如附图 A-2 所示。如果客户端与服务器连接成功，则可以单击"开始登录"按钮，进入系统登录窗口，如附图 A-3 所示。

②在登录界面中输入学号、姓名和班级，单击"登录"按钮，弹出"信息核对"对话框，如附

图 A-4 所示。单击"是",进入"考生须知"界面。如果信息输入有误,可单击"否",返回登录界面进行修改。

附图 A-1　快捷图标

附图 A-2　系统首页界面

附图 A-3　系统登录界面

附图 A-4　"信息核对"对话框

③ "考试须知"用来提醒考生需要注意的事项,同时显示系统本次考试包含的题型和各题型的分值。选中"已阅读"复选框,如附图 A-5 所示。单击"开始考试"按钮,系统将自动进行抽题和客户端初始化操作,完成后进入考试系统主界面。

附图 A-5　考试须知页

考试系统主界面包含顶部的"考试信息栏"和"考试主窗口"。考试信息栏包括"隐藏/显示题目"按钮、考生信息、考试时间和"交卷"按钮,如附图 A-6 所示。考试信息栏默认位于屏幕顶端中间

173

位置，考生可以根据需要拖到其他位置。考试主窗口包含功能区、题型切换列表、题目显示区和状态栏，如附图 A-7 所示。

附图 A-6　考试信息栏

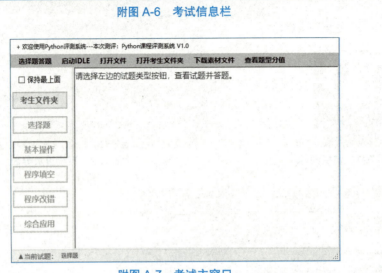

附图 A-7　考试主窗口

功能区包括"选择题答题""启动 IDLE""打开文件""打开考生文件夹""下载素材文件"和"查看题型分值"选项卡。单击"查看题型分值"选项卡，可以查看题型和分值情况，如附图 A-8 所示。

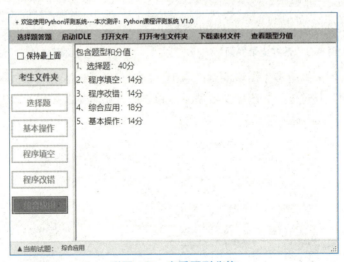

附图 A-8　查看题型分值

单击"打开考生文件夹"选项卡，系统自动在资源管理器窗口中打开考生文件夹，如附图 A-9 所示。

> **注意：**
> 考生操作的所有文件，都应该在该文件夹中，否则将不得分。其他选项卡的功能将在后面具体应用中进行介绍。

附录 A "Python 程序设计"无纸化考试系统

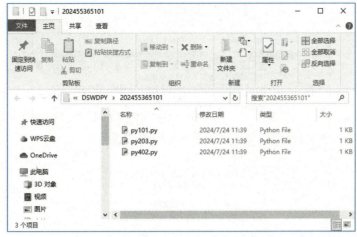

附图 A-9 考生文件夹

(二)答题

考生在考试主窗口中完成各类题型的操作,包括选择题、基本操作、程序填空、程序改错、综合应用等。

1. 选择题

单击考试主窗口功能区的"选择题答题",进入选择题答题环境,如附图 A-10 所示。单击左边的题号,可以切换到对应的题目进行答题。也可以通过右边的"上一题"和"下一题"按钮查看对应的题目。选择题的题型可以实现单选或多选,可以是四选一或二选一(判断题)。完成所有选择题后单击"保存并退出",完成选择题答题。

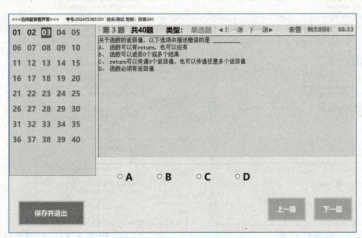

附图 A-10 选择题答题窗口

2. 基本操作

单击左侧列表中的"基本操作"按钮,可查看"基本操作"题的题目要求,如附图 A-11 所示。单击"启动 IDLE"菜单启动 Python 编辑器。在 Python 编辑器中新建文件,根据题目要求输入代码,按要求保存到考生文件夹中。调试运行程序,直到程序运行结果正确。该类题型主要考查学生在 Python 的

IDLE 环境下如何建立、编辑、调试一个给定代码的程序。

附图 A-11 基本操作题

3. 程序填空

单击左侧列表中的"程序填空"按钮，可以查看题目要求，如附图 A-12 所示。单击功能区中的"打开文件菜单"，选择题目要求对应的 .py 源文件，如附图 A-13 所示。系统会启动 IDLE 并打开该文件。也可以启动 IDLE 后，自行打开该文件。

将"###-blankXX-###"所在行的空白位置"_____"删除，补充代码。保存程序后调试运行程序，完成答题。注意不要修改程序的注释"###-blankXX-###"，也不要将该注释删除，否则会影响得分。

附图 A-12 程序填空题

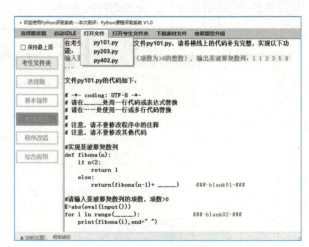
附图 A-13 打开文件菜单

4. 程序改错

单击左侧列表中的"程序改错"按钮，可以查看题目要求，如附图 A-14 所示。按照程序填空题相同的方法打开文件。修改 "###-errXX-###"所在行的错误，保存程序后调试运行程序，完成答题。注意不要修改程序的注释"###-errXX-###"，也不要将该注释删除，否则会影响得分。

附录 A　"Python 程序设计"无纸化考试系统

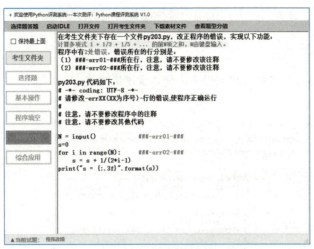

附图 A-14　程序改错题

5. 综合应用

单击左侧列表中的"综合应用"按钮，可查看题目要求，如附图 A-15 所示。按照程序填空题相同的方法打开文件。将"###-beginXX-###"和"###-endXX-###"中间的省略号"……"删除，根据题目要求添加代码，保存程序后调试运行程序，完成答题。

> **注意**：不要修改程序的注释，也不要将该注释"###-beginXX-###"和"###-endXX-###"删除，否则会影响得分。

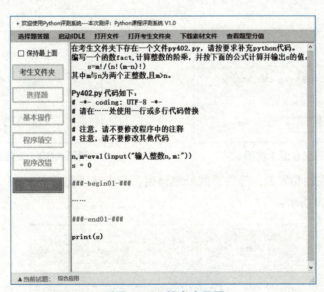

附图 A-15　综合应用题

6. 其他情况处理

如果某些题目的原始文件打开错误、误删除某些原始文件或想重做某些题目，可以单击功能区中的"下载素材文件",在弹出的下拉菜单中选择需要的文件,如附图 A-16 所示。将文件保存到考生文件夹中即可。

> **注意**:该操作将覆盖考生文件夹中的同名文件,请谨慎操作。

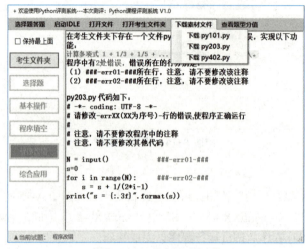

附图 A-16　素材文件下载

(三)交卷

单击顶部考试信息栏的"交卷"按钮,系统将要求进行两次交卷确认,分别如附图 A-17、附图 A-18 所示。

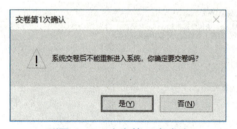

附图 A-17　交卷第 1 次确认

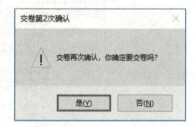

附图 A-18　交卷第 2 次确认

确认后,系统进入收卷界面,等待系统处理结束。当出现"交卷完成!"提示信息后,则本次考试完成,如附图 A-19 所示。

附图 A-19　交卷界面

（四）异常情况处理

异常情况处理主要用来解决考生在考试过程中出现的一些问题，如二次登录、补时、续考、单机收卷，以确保考生能正常参加考试并完成答卷。

1. 二次登录和补时

由于机器故障退出考试系统或重启计算机，将导致考生二次登录。该系统在考试过程中随时监控考生做题状态，若需要考生二次登录系统，由系统管理员直接操作。系统将自动记录二次登录时间。如果需要补时，可以由考试管理员在服务器端进行补时操作，只需双击考生端剩余时间值并输入数值，即可完成补时申请。

2. 移机续考

由于机器故障，考生需要更换机器进行考试，可以由系统管理员在服务器端解除 IP 限制，将考生文件夹复制到其他机器，然后在新机器上进行二次登录系统，可继续答题。

3. 单机收卷

由于网络故障，导致考生不能正常交卷，可以进行单机收卷。由系统管理员启动单机收卷工具，如附图 A-20 所示。

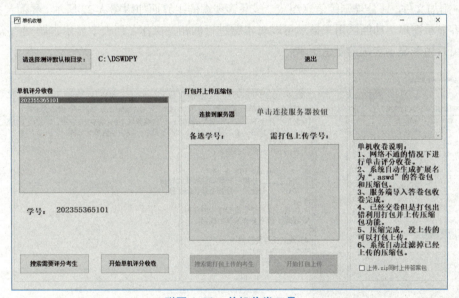

附图 A-20　单机收卷工具

单击"搜索需要评分考生"按钮，系统会自动搜索没有交卷的考生。选择考生考号，然后单击"开始单机评分收卷"按钮，系统进行单机评分并收卷。完成后系统会自动生成单机答题包（如：2023993875101.aswd）和考生压缩包（2023993875101.zip）文件。可以将文件复制到考试服务端，通过"导入单机做答包"，考生压缩包可以上传到 FTP 服务器来完成收卷。

（五）模拟练习

如果要进行模拟练习，需要管理员将考试模式设置为"模拟考试"。在考试服务器中单击"考生数据初始化"按钮，选择"模拟考试"后，单击"确定"按钮，如附图 A-21 所示。

附图 A-21　"模拟考试"考试模式设置

模拟练习中，考生端操作步骤和考试的操作步骤基本一致。主要区别为：不需要输入考号等考生信息，交卷后可以查看考试得分等信息。

二、试题管理端

试题管理端用来完成出题、设定评分细则、试题管理等功能。每个试题由试题号、试题类型、试题描述、附加文件、评分规则等信息组成。试题管理端的主界面如附图 A-22 所示。界面包括功能区、列表及内容显示窗口。功能区用来显示可以对本题进行的相关操作，列表中显示本题型所有的题目，内容显示窗口用来显示本题的做题要求。

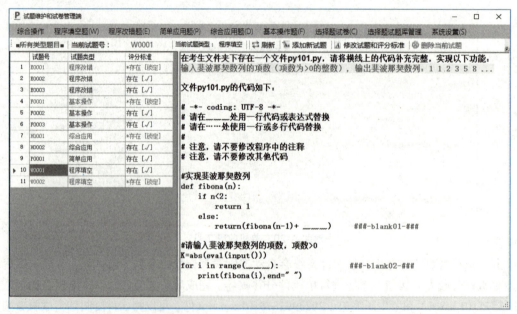

附图 A-22　"试题管理系统"主界面

若要修改某题的试题描述及评分规则。首先在列表中选择该题，单击功能区中的"修改试题和评分标准"，将打开"试题编辑"窗口。该窗口包含试题描述（见附图 A-23）、目标文件、分值和评分规则（见附图 A-24）、评分测试等。

附录 A　"Python 程序设计"无纸化考试系统

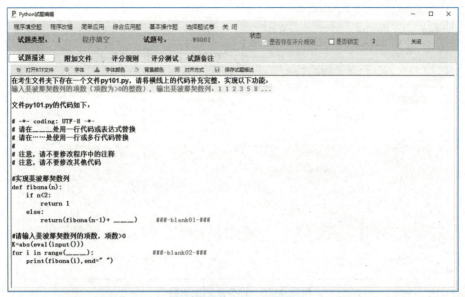

附图 A-23　"试题编辑"窗口"试题描述"选项卡

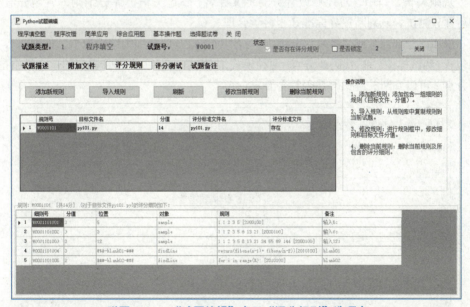

附图 A-24　"试题编辑"窗口"评分规则"选项卡

每个题目可以添加多条评分规则，在编辑试题的时候可以进行评分测试来验证评分规则的合理性。对于评分规则的操作，可以添加新规则、导入已有规则、修改当前规则、删除当前规则等操作。

单击"添加新规则"按钮，可以添加新规则，一个规则对应一个目标文件，包含一组评分细则。一个规则，至少包含一条评分细则。

单击"修改当前规则"按钮，打开"评分规则编辑窗口"，可以对当前规则的分值，目标文件，所包含的细则进行修改，如附图 A-25 所示。

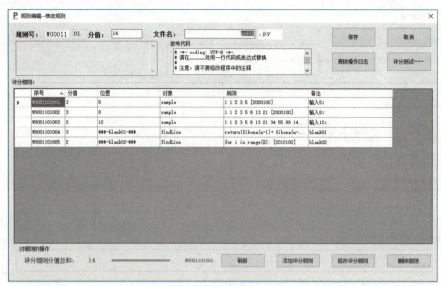

附图 A-25　评分规则编辑窗口

在评分规则编辑窗口中，可以修改评分目标文件名、试题分值、评分细则的各题分值和备注，也可以进行评分测试，以判断评分标准是否科学合理。

单击"添加评分细则"或"修改评分细则"，则可以打开评分细则编辑窗口，如附图 A-26 所示。评分细则包含"测试样例"和"代码评分点"两种模式，"测试样例"主要判断程序的运行结果是否正确，"代码评分点"可以判断关键代码是否符合要求。

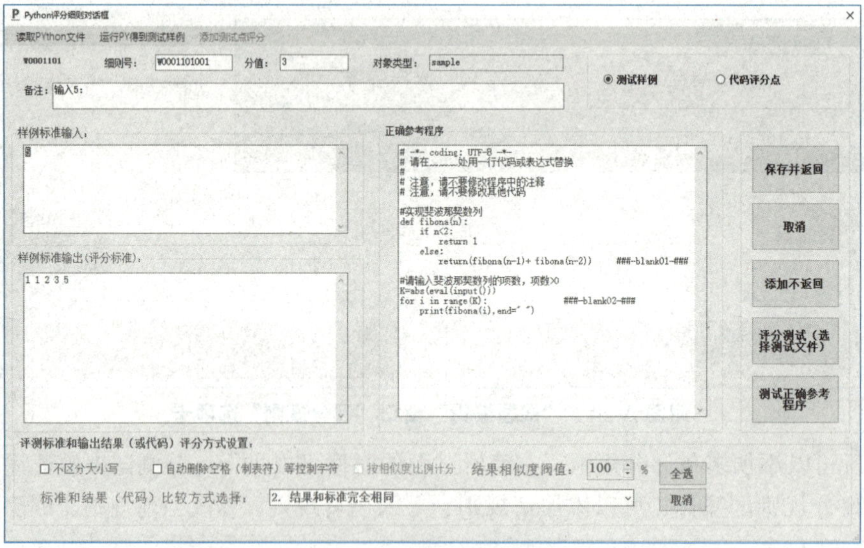

附图 A-26　评分细则编辑窗口

系统提供多种结果比较方式，如附图 A-27 所示。包含"相似度比较计分""字符串比较""集合包含"等。也可以进行区分大小写，删除控制字符等设置，教师可以根据需要进行组合设置以确定评分方式。

附录 A "Python 程序设计"无纸化考试系统

附图 A-27 结果比较方式

相似的评分规则还可以通过导入规则实现。单击附图 A-24 所示的"导入规则"按钮,在弹出的"导入评分规则"对话框中完成导入操作。该操作将复制规则和关联的所有细则,然后可以根据需要进行修改或删除调整。

三、考试服务端

考试服务器即为考试管理端,用来实现组织考试、在考试过程中进行监控以及考后进行试卷回收等功能。组织考试的步骤包括:考生数据初始化→允许登录→开始考试→考中监控→确认收卷→导出结果→结束考试。"考试服务端"主界面如附图 A-28 所示,系统还包括设置考试名称、考试题型和分值、默认考生文件夹、选择题的组卷策略、考试数据库服务器、考试 FTP 服务器环境设置等功能。

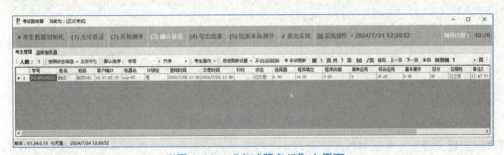

附图 A-28 "考试服务端"主界面

考试管理端还包括:客户端限制、备选学生名单管理、备份和还原数据库等功能,如附图 A-29 所示。在考试前,管理员需要先进行"系统设置"。单击附图 A-29 中的"系统设置"子菜单打开"系统设置"对话框,如附图 A-30 所示。单击"系统设置"对话框中的不同选项卡可以进行数据库服务器、FTP 服务器、考试须知、试题分值、选择题组卷规则、考试时间等功能的设置。

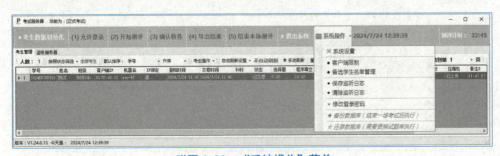

附图 A-29 "系统操作"菜单

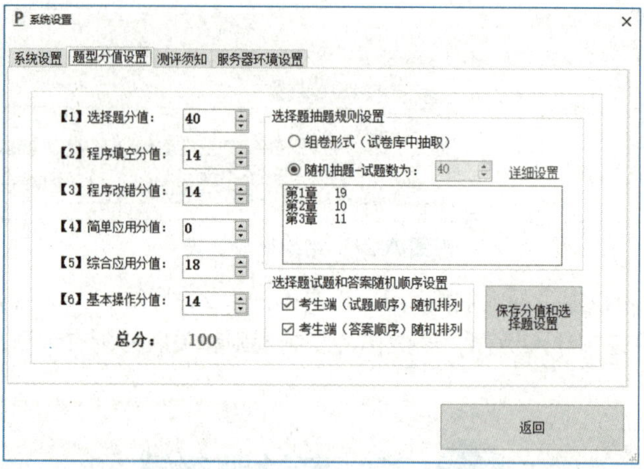

附图 A-30 "系统设置"对话框

在考试过程中，考试服务端对考场状态即时进行监控，可以对考生进行补时、移机、撤销交卷等操作，如附图 A-31 所示。针对登录异常的情况可以进行考生重置、删除等操作。如果考试网络异常，客户端可以进行单机收卷，服务器导入单机做答包完成收卷等操作。全方位保障考试的正常进行。

附图 A-31 "考生操作"界面

考试完成后，考生的考试材料需要及时上传服务器进行备份。这些材料包括考试得分的 Excel 汇总文件和每个考生的答卷（PDF 格式），如附图 A-32 所示。考生答卷包括考生的姓名、学号、班级、考试端机器名和 IP 地址，考生开始和结束时间，得分表，详细评分信息等，如附图 A-33 所示。考生答题的考生文件夹将以压缩包的形式上传到指定的 FTP 服务器上进行自动保存。

附图 A-32 导出结果

附录 A "Python 程序设计"无纸化考试系统

```
Python程序设计(2024-2025-1)学期考生答卷
────────────────────────────────────
姓名：测试 学号：202455365101    班级：财务241
开始时间：2024/7/24 11:39:34    结束时间：2024/7/24 11:48:18
测评机器IP：10.37.62.12    机器名：wcy-PC

|题型 |选 择 题|程序填空|程序改错|综合应用|基本操作| 总 分 |
|得分 |   0    |  14    |   3    |  18    |        |  35   |


一、选择题
[×](第1题)、{答：未作答}、(正确答案是：B)
第1题、IDLE环境的退出命令是 _____
  A、 close()
  B、 exit()
  C、 esc()
  D、 回车键
[×](第2题)、{答：未作答}、(正确答案是：C)
第2题、拟在屏幕上打印输出"Hello World"，以下选项中正确的是 _____
  A、 printf("Hello World")
  B、 print(Hello World)
```

```
###-end01-###
print(s)

综合应用评分：
[目标文件:py402.py][分值:18]
[样例](√)[得3分]{m,n=3,1}
[样例](√)[得3分]{m,n=4,2}
[样例](√)[得3分]{m,n=5,2}
[样例](√)[得3分]{m,n=5,3}
[测试点](√)[得2分]{for * in range(*):}
[测试点](√)[得1分]{def fact(*):}
[测试点](√)[得1分]{return}
[测试点](√)[得2分]{求和}
【本小题综合得分：18】

本题共18分，得分：18/18×18(分)=18(分)。

五、基本操作

在Python集成环境下，在考生文件夹下新建一个SHUI.py文件，输入下列程序，
按要求完成以下操作：
1、不能改动程序结构，原程序中有若干错误，请改正。
2、运行该程序。如：输入1个数据为：123，则得到结果如下：
  该数不是水仙花数！
3、运行完毕后，请以SHUI.py为文件名保存在考生文件夹下。
```

附图 A-33 考生答卷

参考文献

[1] 吉根林，王必友. Python 程序设计基础教程[M]. 北京：中国铁道出版社有限公司，2021.1.
[2] 夏敏捷，杨关，张西广. Python 程序设计应用教程[M].2 版. 北京：中国铁道出版社有限公司，2020.12.
[3] 嵩天，礼欣，黄天羽. Python 语言程序设计基础[M].2 版. 北京：高等教育出版社，2017.2.
[4] 董付国. Python 程序设计基础与应用[M]. 北京：机械工业出版社，2022.3.
[5] 刘卫国，莫照. Python 程序设计实践教程[M]. 北京：北京邮电大学出版社，2020.1.
[6] 尹波，蒋加伏，杨鼎强. Python 程序设计实验教程[M].2 版. 北京：北京邮电大学出版社，2021.8.
[7] 王必友，顾彦慧. Python 程序设计基础实践教程[M]. 北京：中国铁道出版社有限公司，2022.2.
[8] 黑马程序员. Python 程序开发案例教程[M]. 北京：中国铁道出版社有限公司，2019.10.
[9] 蒋加伏，朱前飞. Python 程序设计基础[M]. 北京：北京邮电大学出版社，2019.8.
[10] 江红，余青松. Python 程序设计与算法基础教程[M].2 版. 北京：清华大学出版社，2019.7.
[11] 王永国. Python 语言程序设计教程[M]. 合肥：安徽大学出版社，2019.9.
[12] 中国电子学会. Python 编程入门与算法进阶[M]. 北京：人民邮电出版社，2022.4.
[13] 黄蔚. Python 程序设计[M]. 北京：清华大学出版社，2020.4.